Energie effizient nutzen 84

BILDQUELLENVERZEICHNIS

Focus/GUSTIMAGES/SPL, London: *Titelbild;* 123RF/Balgioclu, Can: *13.4C;* ADES/Madagaskar: *122.1A;* Bislin, C., Sargans, Schweiz: *12.1;* Brinkmann Ingenieurbüro, Hamminkeln: *115.7;* Burgstaller, J.: *114.4A-4B;* Clip Dealer/Schneider, Hans-Joachim: *107.3A-C;* Conatex-Didactic, Neunkirchen: *17.5;* Conrad Electronic: *58.2B;* Corbis/Van Delft, Frank: *86.1A;* Cornelsen Experimenta GmbH, Berlin: *18.1B;* Döring, Volker: *16.2, 110.4;* F1online: *10.3, 66.1;* Fabian, Michael J., Hannover: *22.3A-B, 59.5, 59.3A-C, 60.1A-B;* Fotolia: *11.5, 89.6, 100.1,* absurdovruslan: *79.2I,* Alexander_Photo: *15.Mat.A,* awfoto: *79.2C,* Ayerst, Fiona: *35.4,* elilena: *96.1D,* Eppele, Klaus: *105.4A,* Fontanis: *79.2A,* Fotowerner: *118.1,* Heggie: *79.2B,* Hoepfner, Niklas: *3.2, 51.1,* Insp. Clouseau: *79.2H,* Kara: *110.1,* Klemt, Henry-Martin: *96.1A,* Lebedewa, Eliza: *120.3A,* Ledwinka, Gerhard: *94.1,* marcel: *44.1B,* Matze: *105.5A,* Niedzwiedzki, Mariusz: *36.2,* Nowack, Petra: *80.2,* pholidito: *80.1,* picsfive: *79.2J,* Taliun, Diana: *79.2F,* Unclesam: *79.2E,* Von Rabenstein, Edler: *13.4A,* winston: *20.1;* Gaa, Markus: *6.1-3, 11.7, 12.2-3, 14.1-2, 15.3-5, 16.1, 16.4, 17.5, 20.2, 23.6A-B, 24.1, 27.4-5, 28.3, 31.3-4, 32.3-6, 41.Mat.C-A, 45.3B-C, 53.5, 58.2A, 61.6, 92.2, 108.2-4, 116.2B, 117.4A-B, 118.2, 119.3, 119.4A-B, 123.2E;* Gebrüder Egli, Maschinen AG: *62.1;* Hagedorn, Andreas, Braunschweig: *18.1A;* Halbritter, Reinhard: *22.1;* Imago/Blickwinkel: *34.1,* Schmidt, Norbert: *61.5;* Interfoto/image BROKER/Keller, Markus: *92.1;* iStockphoto/acilo: *89.7,* AVTG: *4.1, 85.1,* Cheung, Kenneth: *19.Mat.A,* claylib: *26.1,* Clerk, Georde: *88.1,* Verbenko, Nadezda: *13.6;* Juniors Bildarchiv/Wegler, M.: *41.Mat.C-B;* Kasper, Lutz, Schwäbisch Gmünd: *22.2;* Kienle, Eva, Forchtenberg: *52.2; 90.2A-B;* Leitneer, Bernd: *86.1D, 110.2;* Luig, Karsten: *78.1;* M. Spannring: *87.3;* Mauritius Images: *21.4, 23.5,* Alamy: *98.1, 104.1, 87.4-5,* Bluegreen: *36.1,* imageBROKER/rgb fotografie: *80.3,* Niehoff, Ulrich: *32.2, 89.4,* Leiber, Andrea: *16.3,* Nikky: *87.6,* Widmann, P.: *87.2;* MINKUSIMAGES: *19.3;* Nasters/CH/Grichting, Marcel: *88.2;* NTL Austria: *60.2;* OKAPIA KG: *62.2, 109.6A;* PantherMedia/michey: *11.6;* Picture-Alliance/Blickwinkel/A: *74.1,* dpa: *10.1, 44.1A,* Fraunhofer-Institut: *89.5,* Stratenschulte, Julian: *13.5,* Wüstneck, Bernd: *96.1B,* tmn: *21.3;* Potente, Jan/Cornelsen Schulverlage GmbH: *86.1C;* Reuters: *58.1;* Roehl, Stephan: *67.3, 81.4, 81.5;* Shutterstock/Baciu: *30.1,* aluxum: *45.3A,* Coprid: *33.7A,* Firma V: *98.2,* Masonjar: *10.4,* Androushko, Galyna: *108.1,* Foard, Darren: *112.1,* Garcia Saavedra, Miguel: *79.2G,* Gonzalez, Leandro: *35.3,* Shutterstock/IgorNP: *13.4B,* Ivanov, Anton: *109.6B,* Kit Sen, Chin: *114.1,* Kosmider, Patryk: *79.2D,* leoks: *120.1,* M., Dariush: *105.3A,* Minton, N.: *120.3B,* Nantel, Andre: *33.7B,* Pack-Shot: *42.1,* Shutterstock/Pilosian, Philip: *32.1,* Seleznev, Yuriy: *45.3D;* TOPICMedia Service: *3.1, 9.1, 38.1, 96.1C;* Vario Images: *110.3;* Wenschkewitz, Gerhard: *45.4;* Wienbruch, Ursula, Aach: *52.1, 65.Mat.A, 71.7;* YourPhotoToday/PM: *86.1B*

METHODE

So forscht man in der Naturwissenschaft

Was tun Naturwissenschaftler eigentlich, wenn sie „forschen“? Anhand von Philipps Flaschengeisttrick zeigen wir, wie sie dabei vorgehen.

Ein Zaubertrick? · Philipp zeigt Lena einen Zaubertrick. Er nimmt eine leere Glasflasche aus dem Kühlschrank und legt eine angefeuchtete Münze auf die Flaschenöffnung (► Bild 1). Anschließend umfasst er die Flasche mit seinen Händen. Nach einer Weile beginnt die Münze zu klappern.

Eine Erklärung? · Philipp und Lena gehen dem Trick auf den Grund. Zunächst **beobachten** sie genau, was geschieht: Die kalte Flasche wird mit den warmen Händen umfasst. Kurz darauf wird die Münze angehoben und fällt auf die Flaschenöffnung zurück, sodass es klappert.

Ein Flaschengeist ist für das Anheben der Münze nicht verantwortlich. Aber wie kann man es dann **erklären?** Philipp hat eine **Vermutung** (► Bild 2).

Eine Vermutung überprüft man durch ein passendes Experiment. Philipp zieht hierfür einen Luftballon über die Öffnung der kalten Flasche. Er macht eine Vorhersage für den Ausgang des Experiments (► Bild 2).

Philipp und Lena führen das Experiment durch (► Bild 2). Der Luftballon füllt sich tatsächlich. Philipps Vermutung wird also durch das Ergebnis **bestätigt.**

Lena hat Zweifel und schlägt ein **weiteres Experiment** vor. Sie hält eine kalte Flasche so, dass die Öffnung nun nach unten zeigt. Sie umfasst sie mit den Händen. Auch jetzt füllt sich der Luftballon mit Luft (► Bild 3)! Das Ergebnis dieses Experiments hat Philipps Vermutung **widerlegt.**

► 1 Philipp zeigt Lena einen Zaubertrick

► 2 Philipp testet seine Vermutung

► 3 Lena prüft die zweite Vermutung.

Eine neue Vermutung · Philipp stellt daher eine neue Vermutung auf (► Bild 3). Damit lassen sich alle Beobachtungen erklären: Beim Ausdehnen der Luft spielt es keine Rolle, in welche Richtung die Flaschenöffnung zeigt. Der Ballon wird sich immer füllen. Somit haben Lena und Philipp eine Erklärung für den Trick mit der Münze gefunden. Die Luft dehnt sich beim Erwärmen aus und drückt die Münze nach oben.
Ob die Erklärung tatsächlich stimmt, wissen Lena und Philipp mit letzter Gewissheit eigentlich immer noch nicht. Schließlich hat sich erst im zweiten Experiment gezeigt, dass Philipps erste Vermutung falsch war.
Man hat aber festgestellt, dass sich diese Erklärung in vielen verschiedenen Experimenten immer wieder bestätigt hat. Deswegen hält man die Erklärung für richtig.

Forschen in den Naturwissenschaften · So ähnlich wie Lena und Philipp gehen Forscher in den Naturwissenschaften vor. Auch sie suchen auf diese Weise nach Erklärungen für Vorgänge in Natur und Technik.
Natürlich sind die Phänomene, mit denen sie sich beschäftigen, oft komplizierter. Aber Lena und Philipp haben genauso „geforscht"!

1 Philipp hat den Trick mit einer Glasflasche gezeigt. Es ist nicht sinnvoll, eine Plastikflasche zu verwenden. Begründe.

2 Überprüfe Philipps zweite Vermutung in einem Experiment:
a) Ziehe einen Luftballon über die Öffnung einer warmen Flasche. Stelle die Flasche in den Kühlschrank.
b) Was glaubst du: Was geschieht mit dem Luftballon nach einiger Zeit? Notiere deine Vorhersage.
c) Hole die Flasche nach einigen Minuten aus dem Kühlschrank. Beschreibe deine Beobachtung. Hat sich Philipps Vermutung bestätigt?

3 Lena und Philipp haben zum Vorgehen beim Forschen Zettel geschrieben (► Bild 4).
a) Die Zettel sind durcheinander geraten. Bringe sie in eine sinnvolle Reihenfolge. Halte sie übersichtlich im Heft fest.
b) Ordne jedem Zettel zu, was Lena und Philipp beim Flaschentrick getan haben.

Du beobachtest die Natur genau, staunst und stellst Fragen.

Du planst Experimente, um deine Vermutung zu überprüfen.

Das Ergebnis eines Experiments widerlegt eine Vermutung.

Du entwickelst Vermutungen.

Das Ergebnis eines Experiments bestätigt eine Vermutung.

Du führst Experimente durch und beobachtest genau.

Du wendest die Erklärung auf andere Situationen an.

Du erklärst das Ergebnis des Experiments durch deine Vermutung.

► 4 Vorgehensschritte beim Forschen

Wasser – ein lebenswichtiger Stoff

In diesem Kapitel beschäftigst du dich mit

- einem der wichtigsten Stoffe überhaupt – dem Wasser. Dabei erfährst du, wie sich die Eigenschaften des Wassers mit der Temperatur ändern.
- der Masse und dem Volumen von Körpern und damit, wie sich diese bei Temperaturänderung verhalten. Du erfährst, welche Eigenschaft von Stoffen bestimmt, ob ein Körper auf dem Wasser schwimmt oder nicht.
- mit den Stoffen, die im Wasser enthalten sind. Du lernst, wie man diese Stoffe voneinander trennen kann.

▸1 Eisbären unterwegs

Wasser ist lebensnotwendig!

Die Eisbärenjungen folgen ihrer Mutter vom Wasser auf das Eis. Zum Leben benötigen Eisbären flüssiges und „festes" Wasser. Auch du brauchst zum Leben Wasser. Warum ist Wasser lebensnotwendig?

LEBENSRAUM UND LEBENSMITTEL · Ob fest oder flüssig – Wasser prägt den Lebensraum der Eisbären: Sie jagen Robben vom Eis aus, wenn diese zum Luftholen aus dem Wasser auftauchen. Sie können aber auch gut schwimmen, um von einer Eisscholle zur Nächsten zu kommen.

Für dich ist das Wasser zwar kein Lebensraum, aber das wichtigste Lebensmittel. Wasser macht etwa zwei Drittel deines Körpergewichts aus (▸ Bild 2). Blut, Speichel und die anderen Körperflüssigkeiten bestehen fast nur aus Wasser.

Dein Körper verliert ständig Wasser, zum Beispiel beim Schwitzen oder wenn du auf die Toilette gehst. Dieses Wasser muss ersetzt werden. Deswegen musst du darauf achten, dass du immer genügend Wasser zu dir nimmst (▸ Bild 3).

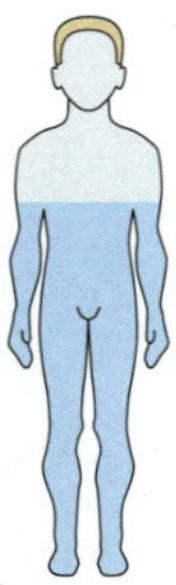

▸2 Dein Körper besteht zu zwei Dritteln aus Wasser.

▸3 Wasser löscht den Durst.

▸4 Flüsse tragen Sand und Steine weit fort.

WASSER ALS TRANSPORTMITTEL · Du nimmst deine Nahrung mit Wasser auf. Getränke und Suppen bestehen zum größten Teil aus Wasser. Trockene Nahrung macht dein Körper durch Speichel nass, sodass sie zum Magen transportiert werden kann.

Auch in der Natur wird viel mit dem Wasser transportiert. Flüsse tragen Sand und Erde über weite Strecken. So entstehen durch Auswaschen Flusstäler und durch Ablagerungen neue Küstenstreifen (▸ Bild 4).
Bei Schiffen nutzt man ebenso das Wasser, um Menschen und Waren zu transportieren.

SAUBERES WASSER · Wenn du saubere Hände haben willst, dann wäschst du sie – mit Wasser. Auch beim Reinigen von Gegenständen spielt Wasser eine große Rolle, gleichgültig ob im Haushalt oder in der Industrie. Aber beim Reinigen mit Wasser verschwindet der Dreck nicht spurlos. Die Verschmutzung des Wassers ist ein schwerwiegendes Problem für die Umwelt (▸ Bild 5).

Wenn du den Wasserhahn aufdrehst, dann bekommst du jederzeit sauberes Trinkwasser. Für die allermeisten Menschen ist das nicht selbstverständlich. In vielen Ländern gibt es wenig Wasser, und noch viel weniger sauberes Wasser, das man trinken kann.

WASSER ALS WÄRMESPEICHER · Wasser ist ein sehr guter Wärmespeicher. Mit Wasser wird immer auch Wärme mittransportiert. Bei Zentralheizungen wird Wasser im Keller mit einem Brenner erhitzt und strömt anschließend zu den Heizkörpern. Diese sorgen im Haus für angenehme Wärme (▸ Bild 7).

So ähnlich sorgt auch der Blutkreislauf in deinem Körper für warme Hände und Füße. Dein Blut wird im Rumpf deines Körpers erwärmt. Über Adern fließt es auch in Arme und Beine und gibt dort Wärme ab.

Du weißt, dass man mit Wasser Feuer löschen kann. Die Hitze wird mit dem Wasser wegtransportiert. Das funktioniert, weil Wasser so ein guter Wärmespeicher ist.

Manchmal macht Wasser aber einfach nur Spaß. Im Sommer freust du dich bestimmt auf eine Abkühlung (▸ Bild 6)!

1 **a)** Erstelle mithilfe des Textes eine Mindmap zum Thema „Wasser ist lebensnotwendig“.
b) Ergänze die Mindmap mit eigenen Ideen und Beispielen.

2 Bei der Abkühlung im Schwimmbad ist es wichtig, dass Wasser ein guter Wärmespeicher ist. Erkläre.

▸5 Wasser ist oft verschmutzt.

▸6 Mit Schwung ins kühle Nass.

▸7 Heizkörper im Wohnzimmer

WAS SICH MIT DER TEMPERATUR ÄNDERT

►1 Wasser kommt in drei Aggregatzuständen vor.

In den Naturwissenschaften nennt man Gegenstände unabhängig vom Aggregatzustand auch „Körper".

DIE AGGREGATZUSTÄNDE · Du erlebst es jeden Tag: Wasser kommt flüssig aus dem Wasserhahn. Im Winter kann Wasser aber auch fest sein – Eis und Schnee. Beim Kochen in der Küche entsteht Wasserdampf, der sich an kalten Fensterscheiben als flüssiges Wasser niederschlägt.
Obwohl es sich immer um Wasser handelt, kann es **fest, flüssig** oder **gasförmig** sein. Man sagt, es kann verschiedene Aggregatzustände annehmen.

FEST – FLÜSSIG – GASFÖRMIG · Wasser ist bei Raumtemperatur eine **Flüssigkeit.** Du kannst in das Wasser hineingreifen, im Schwimmbad sogar vollständig darin untertauchen.

Wenn es kalt genug wird, dann ändert sich der Aggregatzustand des Wassers. Es erstarrt zu Eis, einem **Festkörper.** Nun kannst du nicht mehr in das feste Wasser hineingreifen. Auf zugefrorenen Seen kannst du sogar Schlittschuh laufen, wenn die Eisschicht dick genug ist.

Wenn es heiß genug ist, dann wird Wasser zu Wasserdampf, einem Gas. Auch die Luft ist ein **Gas.** Der Wasserdampf vermischt sich mit der Luft. Du kannst dich in Gasen bewegen. So spürst du zum Beispiel, wie die unsichtbare Luft auf dich trifft, wenn du schnell läufst oder mit dem Fahrrad fährst.

WECHSEL DER AGGREGATZUSTÄNDE · Im ► Bild 2 trocknet die Schrift auf der Tafel. Das flüssige Wasser verschwindet aber nicht spurlos. Es **verdunstet** zu Wasserdampf. Wenn Wasser beim Sieden zu Wasserdampf wird, dann sagt man, es **verdampft.**

Dieser Vorgang läuft auch umgekehrt ab. Wenn du heiß duschst, dann beschlägt häufig der Badspiegel (► Bild 3). Wenn du an den Spiegel fasst, dann spürst du, dass auf dem Spiegel kleine Wassertropfen sind. Wie kommt das?
Beim Duschen verdunstet ein Teil des Wassers. Der Wasserdampf wird am kalten Spiegel wieder flüssig, er **kondensiert.**

►2 Wasser verdunstet.

►3 Wasserdampf kondensiert.

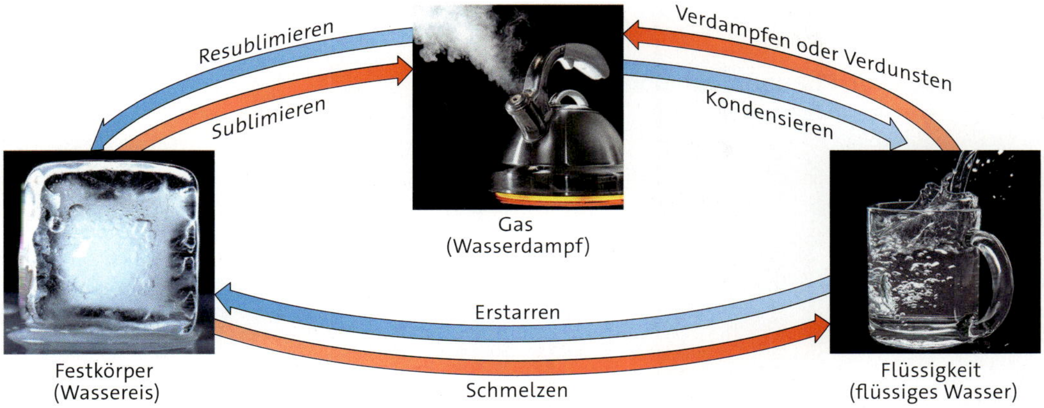

►4 Überblick über die Aggregatzustände und deren Übergänge

Wenn die Temperatur unter null Grad Celsius fällt, dann erstarrt flüssiges Wasser zu Wassereis. Wenn die Temperatur wieder steigt, dann schmilzt das Eis und wird wieder zu flüssigem Wasser.

Es kann sogar vorkommen, dass aus Wassereis direkt Wasserdampf wird, ohne dass das Wasser zwischendurch flüssig war. Zum Beispiel „verschwinden" gefrorene Wasserpfützen, ohne dass das Eis schmilzt. Man sagt, das Eis ist zu Dampf **sublimiert.**

Umgekehrt bildet sich an kalten Tagen im Winter auf Gras oder Ästen in der Nacht ein eisiger Belag, der Raureif (► Bild 6). Aus Wasserdampf haben sich Eiskristalle gebildet. Das Wasser ist **resublimiert.**

►5 Wasserdampf oder nicht?

WASSERDAMPF IST UNSICHTBAR! · Wenn du im Winter ausatmest, dann kannst du häufig deinen Atem sehen (► Bild 5). Aber was siehst du da überhaupt?
Dein Atem enthält außer Luft immer auch Wasserdampf. Wenn du im Winter ausatmest, dann kondensiert der Wasserdampf in der kalten Luft zu kleinen Wassertröpfchen. Diese kannst du sehen. Im Sommer ist die Luft viel wärmer. Der Wasserdampf kondensiert nicht und du siehst deinen Atem nicht. Wasserdampf ist unsichtbar – genauso wie Luft!

1 An einem kalten Wintertag hängt Tim sein nasses Handtuch draußen auf. Kurze Zeit später ist es steif gefroren. Am nächsten Tag stellt Tim erstaunt fest, dass das Handtuch trocken ist, obwohl kein Eis geschmolzen war.
a) Erkläre, wie das geschehen konnte.
b) Beschreibe die vorkommenden Wechsel der Aggregatzustände.

2 **a)** Im ► Bild 5 ist der Atem nicht direkt vor dem Mund zu sehen, sondern erst in einiger Entfernung. Erkläre.
b) Erkläre, warum man Wolken sieht.
c) Beschreibe, wie das Wasser in die Wolken kommt.

►6 Raureif

METHODE

Beobachten und Beschreiben von Phänomenen und Versuchen

►1 Ein beschlagenes Wasserglas

Wenn du Phänomene oder Versuche beobachtest, dann kannst du daraus etwas Neues lernen. Allerdings musst du dafür genau hinsehen. Damit du später noch weißt, was du beobachtet hast, ist es wichtig, dass du dies schriftlich festhältst. Das zeigen wir an einem Beispiel:

- Du gibst Eiswürfel in ein Glas mit Leitungswasser (► Bild 1). Was du genau untersuchst, hältst du in einer **Beschreibung** fest (► Bild 2). Eine vereinfachte **Skizze** mit Beschriftung hilft dir dabei.
- Dass das Wasser im Glas durch das Eis kälter wird und die Eiswürfel schmelzen, weißt du auch so. Wenn du genauer hinschaust, kannst du aber weitere **Beobachtungen** machen: Die Eiswürfel schwimmen an der Wasseroberfläche. Schon nach kurzer Zeit ist die Außenseite des Glases beschlagen, das heißt, dort haben sich Wassertröpfchen gebildet.
- Vielleicht kannst du manche deiner Beobachtungen **erklären,** weil du hierzu schon etwas gelernt hast. Das wird aber nicht immer so sein.
- Vielleicht hast du auch neue **Fragen und Ideen** für weitergehende Untersuchungen.

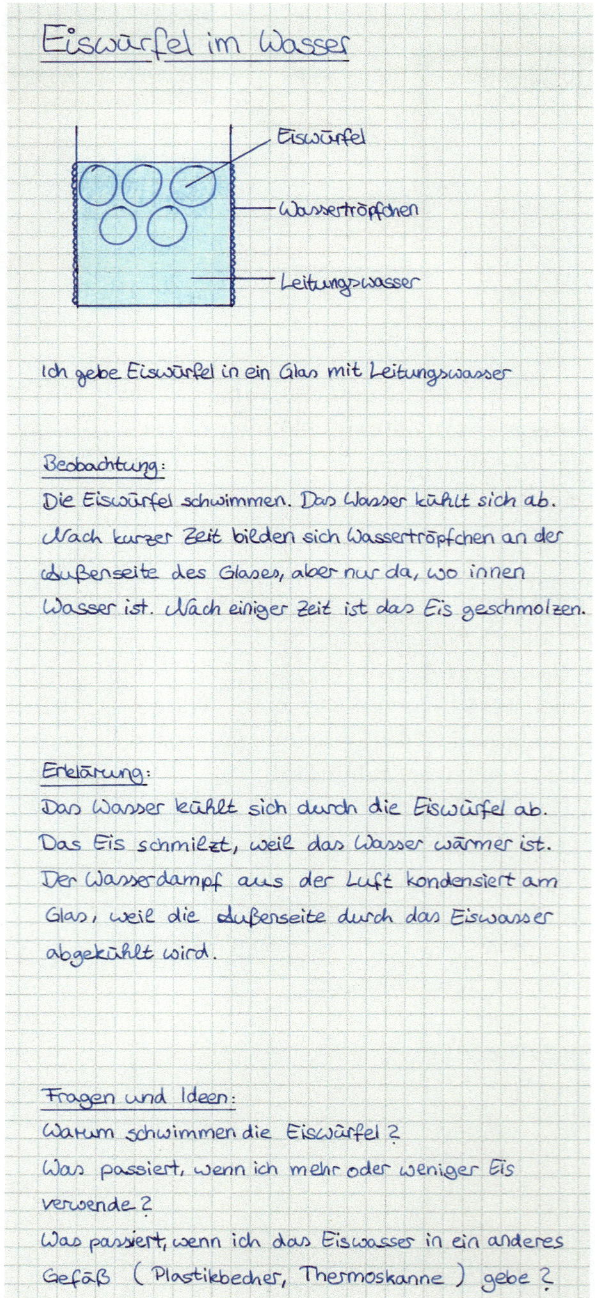

►2 Versuch mit Eiswürfeln

VERSUCHE ▸ Wechsel der Aggregatzustände bei Wasser

V1 Wasser im Glas

▸3

Material:
Marmeladenglas, Schälchen, Wasser, (eventuell: starke Glühlampe)

Arbeitsauftrag:

a) Gib etwas Wasser in das Schälchen und stülpe das Glas über das Wasser (▸ Bild 3). Stelle das Ganze in die Sonne oder bestrahle es mit der Lampe. Beobachte das Glas einige Minuten. Dokumentiere den Versuch. Die Methode auf S. 14 hilft dir.

b) Gib etwas Wasser in das Schälchen. Stelle es in einem Zimmer auf die Fensterbank. Beobachte während einiger Tage. Dokumentiere den Versuch.

c) Erkläre deine Beobachtungen, soweit du kannst. Hast du weitergehende Fragen oder Ideen?

V2 Eine Wolke in der Flasche

▸4

Material:
Plastikflasche mit Deckel, Streichholz, Wasser

Arbeitsauftrag:

a) Fülle etwas Wasser in die Flasche. Halte ein brennendes Streichholz – Vorsicht! – über die Öffnung der Flasche und puste es aus (▸ Bild 4). Verschließe die Flasche. Drücke die Flasche mehrfach zusammen und lasse wieder los. Was geschieht dabei in der Flasche? Notiere deine Beobachtung.

b) Schütte das Wasser aus. Wiederhole den Versuch wie bei a) ohne Streichholz. Notiere deine Beobachtung. Vergleiche mit a).

c) Beschreibe, wie du beim Dokumentieren vorgegangen bist.

V3 Eiskalt: Die Kältemischung

▸5

Material:
0,3 l Eiswürfel, 100 g Salz, Wasser, kleine Schüssel, Plastikbecher, Holzlöffel, Hammer, Lappen

Arbeitsauftrag:
Stelle eine Kältemischung her:

a) Wickle die Eiswürfel in den Lappen und zerkleinere sie mit dem Hammer – Vorsicht!

b) Fülle das zerkleinerte Eis in die Schüssel und gib das Salz dazu. Rühre mit dem Holzlöffel gut um. Vorsicht! Die Kältemischung wird sehr kalt!

c) Stelle den Plastikbecher mit etwas Wasser in die Kältemischung (▸ Bild 5). Beobachte, was mit dem Wasser im Becher passiert. Notiere deine Beobachtungen.

d) Erkläre sie, soweit du kannst.

Material A ▸ Wechsel der Aggregatzustände im Alltag

A1 Das ▸ Bild links zeigt, wie „Rauch" aus einem Fabrikschornstein kommt.

a) Betrachte das Bild genau. Notiere deine Beobachtung.

b) Vergleiche deine Beobachtung mit deinen Ergebnissen aus V2.

A2 Alex sagt: „Das Weiße ist Dampf und kein Rauch!" Stimmt das? Begründe deine Antwort.

►1 Das Wärmeempfinden kann sich stark unterscheiden.

Wärmeempfinden und Temperatur

„Brrr, ist das kalt", jammert Felix. „Ich weiß nicht, was du hast. Ist doch angenehm!", antwortet Sarah. Beide empfinden die gleiche Wassertemperatur unterschiedlich. Wie kann das sein?

DAS WÄRMEEMPFINDEN · Wenn du einen Gegenstand berührst, dann nimmst du ihn als heiß, warm oder kalt wahr. Die Wahrnehmung von heiß oder kalt ist notwendig für uns, damit unser Körper seinen Wärmehaushalt regulieren kann. Außerdem schützt das Wärmeempfinden vor Verbrennungen und Erfrierungen. Bei Gegenständen, die ungefähr so warm sind wie dein Körper, kannst du sehr feine Unterschiede erkennen. Eltern von Babys prüfen zum Beispiel mit der Wange, ob die Milchflasche zu heiß ist (► Bild 3). Aber obwohl dich das Wärmeempfinden in vielen Situationen schützt und wichtige Informationen gibt, liefert es nicht immer die gleichen Eindrücke (► Bild 1).
Du nimmst dieselbe Temperatur unterschiedlich wahr, je nachdem, ob du dich vorher in einer warmen oder kalten Umgebung aufgehalten hast. Um zu vergleichen, wie „warm" ein Gegenstand wirklich ist, benötigt man ein Messgerät: das Thermometer (► Bild 2).

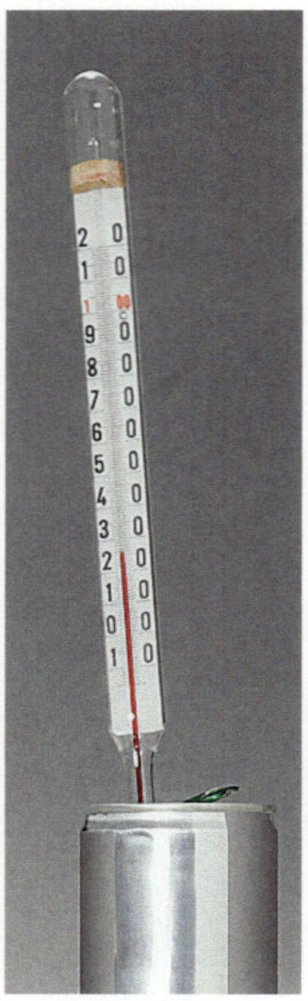

►2 Thermometer

►3 Temperaturkontrolle beim Babyfläschchen

TEMPERATUREN VERGLEICHEN · Mit dem Thermometer kann man für jede Temperatur einen Zahlenwert bestimmen. So kann man die Temperaturen von Körpern nicht nur vergleichen, sondern auch feststellen, wie viel „wärmer" ein Körper ist als ein anderer. Das Thermometer hilft, sich untereinander über die wirkliche Temperatur zu informieren.

EINE TEMPERATUR-SKALA · Um die Temperatur anzugeben, nutzt man eine Skala, die der schwedische Forscher ANDERS CELSIUS eingeführt hat. Er stellte fest, dass Eis immer bei der gleichen Temperatur schmilzt. Diese **Schmelztemperatur** von Wasser setzte CELSIUS auf 0 °C („null Grad Celsius") fest. Bei dieser Temperatur erstarrt Wasser auch wieder zu Eis. Bei 0 °C gibt es daher gleichzeitig flüssiges Wasser und Wassereis (▸ Bild 4 A). Die **Siedetemperatur** von Wasser bezeichnete CELSIUS mit 100 °C. Bei 100 °C gibt es gleichzeitig flüssiges Wasser und Wasserdampf (▸ Bild 4 B). Den Bereich zwischen 0 °C und 100 °C teilte CELSIUS gleichmäßig ein.

Temperaturen werden mit Thermometern gemessen. Die Temperatur wird in der Einheit ein Grad Celsius (1 °C) angegeben.

EMPFINDEN UND TEMPERATUR · Du kannst dein Wärmeempfinden selbst prüfen. Wenn du verschiedene Gegenstände im Klassenzimmer berührst, dann wirst du Unterschiede bemerken. Stativstäbe aus Eisen fühlen sich kälter an als Plastikstäbe oder Holzstifte. Eine Styroporplatte fühlt sich viel wärmer an als die Schultafel. Aber sind diese Gegenstände wirklich unterschiedlich warm?
Mit einem Thermometer kannst du die Temperatur der Gegenstände messen, die sich unterschiedlich warm anfühlen. Dafür eignet sich besonders gut ein sogenanntes Infrarot-Thermometer (▸ Bild 5). Damit kann man die Temperatur an der Oberfläche eines Gegenstandes messen, ohne ihn zu berühren.
Dabei macht man eine erstaunliche Feststellung: Für alle Gegenstände, die sich schon längere Zeit in demselben Raum befinden, zeigt das Thermometer die gleiche Temperatur an, obwohl sie sich unterschiedlich warm anfühlen! Damit weißt du, dass dein Wärmeempfinden nicht die Temperatur „misst".

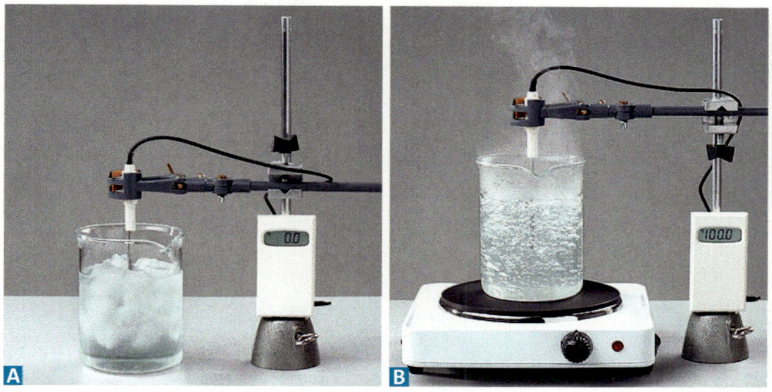

▸4 **A** Eis schmilzt bei 0 °C. **B** Wasser siedet bei 100 °C.

ABKÜHLEN UND ERWÄRMEN · Was bedeuten aber die Signale „heiß" und „kalt" von deinem Wärmeempfinden dann?

Die 100 °C sind nur bei normalem Luftdruck richtig.

Die Haut hat eine Temperatur von etwa 30 °C. Das kannst du mit dem Infrarot-Thermometer prüfen. Die Gegenstände im Klassenzimmer haben eine Temperatur von etwa 20 °C. Wenn du sie mit der Hand berührst, dann werden sie erwärmt. Gleichzeitig kühlt sich die Berührungsstelle an deiner Hand ab.

Wenn der Gegenstand aus einem Stoff besteht, der die Wärme besonders gut wegleitet, dann hast du das Gefühl „kalt" – zum Beispiel bei Metall. Styropor leitet die Wärme weniger gut weg. Die Berührungsstelle wird weniger stark abgekühlt. Du hast das Gefühl „wärmer".

1 Nenne Vorgänge aus Natur oder Alltag, bei denen ein Gegenstand einen kälteren erwärmt oder ein Gegenstand einen wärmeren abkühlt.

2 An kalten Winterabenden tut es gut, vor dem Schlafengehen eine heiße Wärmflasche unter die Bettdecke zu legen. Beschreibe, wie sich die Temperatur des kalten Betts und der heißen Wärmflasche nach einiger Zeit verändern.

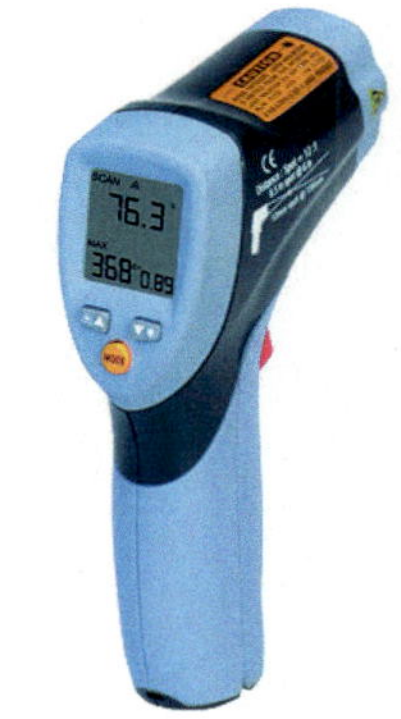
▸5 Infrarot-Thermometer

WAS SICH MIT DER TEMPERATUR ÄNDERT

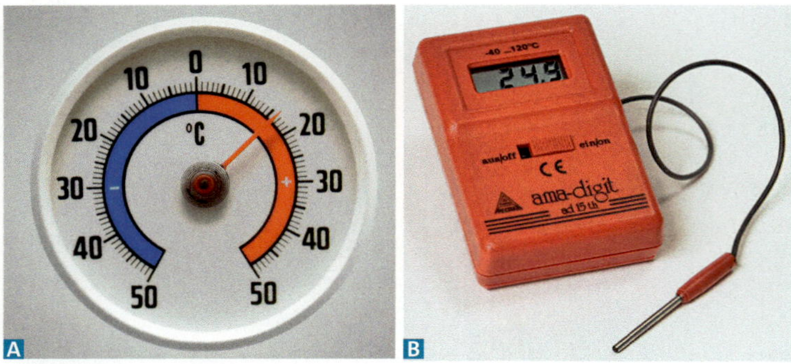

►1 **A** Bimetall-Thermometer, **B** Digitalthermometer

VIELFALT DER THERMOMETER · Wenn sich die Temperatur eines Körpers ändert, dann ändern sich einige seiner Eigenschaften. Wenn diese Temperaturabhängigkeit gleichmäßig ist, dann eignet sie sich zur Temperaturmessung.

Einige Flüssigkeiten ändern ihr Volumen gleichmäßig, wenn man sie erwärmt oder abkühlt. Sie werden in **Flüssigkeitsthermometern** verwendet.

Viele feste Körper ändern ihre Länge bei Erwärmung oder Abkühlung. Wenn man zwei verschiedene Metalle fest miteinander verbindet, dann führt ihre unterschiedliche Längenänderung zu einer „Verbiegung". Dieser Effekt kann in Thermometern ausgenutzt werden. Du kennst vielleicht solche **Bimetall-Thermometer** (► Bild 1 A).

Metalle ändern auch ihre elektrischen Eigenschaften bei Temperaturänderung. Das wird zum Beispiel in **Digitalthermometern** genutzt (► Bild 1 B).

METHODE

Temperaturmessungen

Wähle ein geeignetes Thermometer aus:

- Beachte den Messbereich. Ein Fieberthermometer ist für den Bereich der Körpertemperatur geeignet. Backofentemperaturen lassen sich damit nicht messen.
- Wie genau soll die Messung werden? Digitalthermometer haben oft eine größere Messgenauigkeit als Flüssigkeits- oder Bimetall-Thermometer.

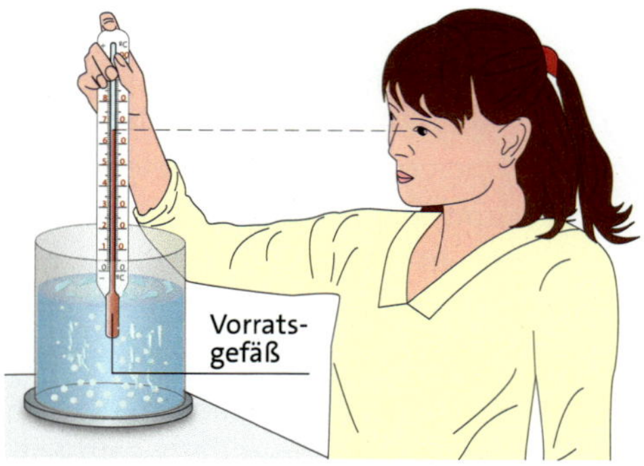

►2 Richtiges Ablesen der Temperatur

Hinweise für alle Thermometer:

- Warte etwas, bevor du die Temperatur abliest. Messfühler und Vorratsgefäß des Thermometers benötigen Zeit, bis sie die Temperatur der Umgebung haben.
- Wenn du die Temperatur einer Flüssigkeit misst, dann rühre sie vorher um.

Messungen mit Flüssigkeitsthermometern:

- Der Körper, dessen Temperatur du messen willst, darf nicht zu klein sein im Vergleich zu dem Vorratsgefäß.
- Schaue beim Ablesen am oberen Ende der Flüssigkeitssäule senkrecht auf das Thermometer (► Bild 2). Wenn du schräg auf die Temperaturskala blickst, dann liest du falsche Werte ab.

VERSUCHE ▸ Wärmeempfinden und Temperaturausgleich

Vorsicht beim Umgang mit heißem Wasser!

▸3 Versuch zum Wärmeempfinden

V1 Heißkalt?

Du untersuchst den Unterschied zwischen deinem Wärmeempfinden und der Temperatur.

Material:

drei Gefäße: mit heißem Wasser, mit kaltem Wasser und mit lauwarmem Wasser

Arbeitsauftrag:

Fülle in die Gefäße Wasser unterschiedlicher Temperatur (▸ Bild 3). Tauche eine Hand ins kalte Wasser und die andere Hand ins heiße Wasser. Halte die Hände mindestens 30 Sekunden im Wasser. Tauche nun beide Hände gleichzeitig in das lauwarme Wasser.

a) Beschreibe deine Beobachtung.

b) Anne sagt: „Der Versuch zeigt, dass das menschliche Wärmeempfinden unzuverlässig ist." Luis sagt: „Der Versuch zeigt, dass der Mensch sehr gut Temperaturunterschiede wahrnimmt." Wer hat Recht? Begründe deine Antwort.

V2 Wo fühlst du warm und kalt?

Material:

eine Flasche mit kaltem Wasser, eine Flasche mit warmem Wasser

Arbeitsauftrag:

a) Berühre mit der kalten Flasche verschiedene Stellen auf deiner Haut: zum Beispiel die Innenfläche der Hand, die Innenseite und die Außenseite des Unterarms, deine Wange.
Vergleiche dein Empfinden.

b) Wiederhole den Versuch mit der warmen Flasche.

c) Nenne Gründe dafür, dass einige Stellen besonders gut „warm" oder „kalt" fühlen.

V3 Was fühlt sich wärmer an?

Material:

mindestens 5 verschiedene Gegenstände mit gleicher Temperatur

Arbeitsauftrag:

a) Untersuche, welche Gegenstände sich kälter und welche sich wärmer anfühlen. Erstelle eine entsprechende Rangliste.

b) Finde heraus, aus welchen Stoffen die Gegenstände sind, die sich wärmer bzw. kälter anfühlen.

Zeit	Temperatur
0 min	4 °C (Beispiel)
1 min	… °C
2 min	… °C

▸4 Messwertetabelle zu V4

V4 Temperatur messen

Material:

ein Glas mit Wasser aus dem Kühlschrank, Thermometer, Uhr

Arbeitsauftrag:

a) Miss die Temperatur des Wassers jede Minute. Halte die Messwerte in einer Tabelle wie im ▸ Bild 4 fest.

b) Beschreibe, wie sich die Temperatur im Laufe der Zeit ändert.

c) Stelle dir vor: Eine kalte Getränkedose wird in ein Zimmer gestellt. Ein sehr genaues Thermometer misst die Temperatur des Zimmers. Wie würde sich die Anzeige des Thermometers ändern? Begründe.

Material A ▸ Andere Länder – andere Temperaturskalen

A1 Lisa berichtet von ihrer USA-Reise: „Das Auto zeigte eine Außentemperatur von 72 °F (Grad Fahrenheit) an. Das hört sich heiß an, war es aber gar nicht. Im Reiseführer hatte ich etwas zum Umrechnen von Fahrenheit in Celsius gefunden: Temperatur in °C = (Temperatur in °F – 32) · 5 : 9." Berechne so die Temperatur in °C.

►1 Vorratsgefäß, Steigröhrchen und Skala eines Flüssigkeitsthermometers

Temperatur und Volumen

Mit dem Flüssigkeitsthermometer können wir die Temperatur messen. Wird das Vorratsgefäß des Thermometers erwärmt, steigt die Flüssigkeit im Glasröhrchen und wir können auf der Skala die Temperatur ablesen. Aber wie funktioniert das?

WAS GESCHIEHT IM THERMOMETER? · Wie kann die Flüssigkeit im Röhrchen steigen, obwohl das Vorratsgefäß nicht leerer wird und keine Flüssigkeit von außen hinzukommt? Es gibt nur eine Möglichkeit: Die Flüssigkeit dehnt sich aus. Und da der Raum im Vorratsgefäß begrenzt ist, weicht sie ins Röhrchen aus. Den Raum, den die Flüssigkeit einnimmt, nennt man **Volumen.**

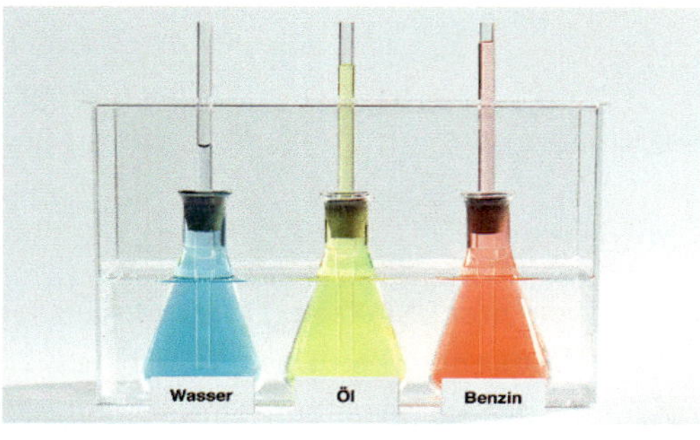

►2 Benzin dehnt sich stärker aus als Wasser.

Aber dehnen sich alle Flüssigkeiten aus, wenn sie wärmer werden? Wovon hängt es ab, wie sich Flüssigkeiten bei Erwärmung verhalten? Das werden wir durch Versuche schrittweise klären. In einem ersten Schritt vergleichen wir die Ausdehnung verschiedener Flüssigkeiten miteinander.

VERSCHIEDENE FLÜSSIGKEITEN · Im ersten Versuch füllen wir jeweils gleiche Mengen Wasser, Öl und Benzin in drei gleiche Gefäße. Alle drei Flüssigkeiten haben die gleiche Temperatur. Den Füllstand bestimmen wir mithilfe dünner Röhrchen. Wir stellen die Gefäße in ein heißes Wasserbad. Alle drei Flüssigkeiten dehnen sich aus. Allerdings dehnt sich Benzin mehr aus als Öl und Wasser (► Bild 2).

Flüssigkeiten dehnen sich nur sehr wenig aus, wenn man sie erwärmt. Wenn man die Temperatur von einem Liter Benzin um 1 °C erhöht, dann nimmt das Volumen um ein tausendstel Liter zu. Bei Wasser ist es sogar noch fünfmal weniger! Deswegen haben wir im Versuch die dünnen Röhrchen verwendet.

Wenn die Flüssigkeiten auf Zimmertemperatur abgekühlt sind, dann nehmen sie wieder ihr Anfangsvolumen ein.

Wenn eine Flüssigkeit ihre Temperatur ändert, dann ändert sich ihr Volumen.
Die meisten Flüssigkeiten dehnen sich bei Temperaturerhöhung aus.
Wie stark das Volumen zunimmt, hängt von der Art der Flüssigkeit ab.

EINFLUSS DES TEMPERATURANSTIEGS · Wir untersuchen, wie die Volumenzunahme vom Temperaturanstieg abhängt. Dazu erwärmen wir eine Flüssigkeit schrittweise von 20 °C auf 80 °C. Wir beobachten, dass das Volumen umso mehr zunimmt, je größer der Temperaturanstieg ist. Bei der Erwärmung von 20 °C auf 60 °C ist die Ausdehnung doppelt so groß wie bei der Erwärmung von 20 °C auf 40 °C. Von 20 °C auf 80 °C ist die Ausdehnung dreimal so groß wie von 20 °C auf 40 °C. Für die meisten Flüssigkeiten gilt:

Je größer die Temperaturerhöhung ist, desto mehr nimmt das Volumen der Flüssigkeit zu.

EINFLUSS DES ANFANGSVOLUMENS · Auch diesen Einfluss untersuchen wir in einem Versuch. Wir füllen zwei verschieden große Gefäße mit der gleichen Flüssigkeit. Die Behälter haben wieder die gleiche Anfangstemperatur. Wenn wir sie in ein heißes Wasserbad stellen, dann beobachten wir einen Unterschied. Beim großen Behälter hat sich die Flüssigkeit mehr ausgedehnt als beim kleinen Behälter. Die Volumenzunahme hängt also vom Anfangsvolumen ab.

Je größer das Anfangsvolumen einer Flüssigkeit ist, desto mehr nimmt das Volumen bei steigender Temperatur zu.

▸3 Geplatzte Wasserflaschen auf dem Balkon

AUSNAHME WASSER · Bisher haben wir vorsichtig formuliert: „Die meisten Flüssigkeiten ...". Tatsächlich zeigt Wasser im ▸ Bild 3 eine ganz merkwürdige Eigenschaft. Die Wasserflaschen auf dem winterlichen Balkon sind geplatzt. Wie kann das sein? Wir haben doch gezeigt, dass sich Flüssigkeiten bei Temperaturabnahme zusammenziehen! Wasser bildet eine zweifache Ausnahme: Wenn man es abkühlt, dann dehnt es sich zwischen 4 °C und 0 °C ein wenig aus. Wenn es gefriert, dann steigt sein Volumen sogar sprunghaft an. Die Flasche kann dabei platzen.

1 Flüssigkeitsthermometer besitzen ein großes Vorratsgefäß für die Flüssigkeit und ein schmales Steigrohr (▸ Bild 1). Erkläre diesen Aufbau.

2 Zentralheizungen in Häusern enthalten Wasser in einem geschlossenen Kreislauf. ▸ Bild 4 zeigt das Ausdehnungsgefäß einer Zentralheizungsanlage. Ohne dieses Gefäß kann es zu schwerwiegenden Unfällen kommen. Erläutere.

3 Ein Automotor wird üblicherweise mit Wasser gekühlt, damit er nicht überhitzt. Man mischt in das Wasser im geschlossenen Kühlsystem ein Frostschutzmittel. Erkläre.

▸4 Ausdehnungsgefäß einer Zentralheizung

WAS SICH MIT DER TEMPERATUR ÄNDERT

▸1 Schienen verformen sich an einem heißen Sommertag.

FESTKÖRPER DEHNEN SICH AUS · An einem sehr heißen Sommertag haben sich die Schienen verbogen (▸ Bild 1). Was ist da passiert? Du hast gelernt, dass das Volumen von Flüssigkeiten zunimmt, wenn die Temperatur steigt. Wenn das bei den Schienen auch so ist, dann kannst du die verbogenen Schienen erklären.

Tatsächlich ändern alle Festkörper ihr Volumen, wenn sich ihre Temperatur ändert. Diesen Vorgang zeigt der Versuch im ▸ Bild 2: Eine Stahlkugel passt bei Zimmertemperatur gerade noch durch ein kreisförmiges Loch in einem Blech hindurch. Wenn die Kugel nun stark erhitzt wird, dann bleibt sie anschließend im Loch stecken. Offensichtlich ist sie größer geworden. Nach einiger Zeit, wenn sie sich wieder abgekühlt hat, passt die Kugel wieder durch das Loch.
Ähnlich wie die Stahlkugel verhalten sich fast alle Festkörper, auch die Schienen.

Wenn sich die Temperatur eines Festkörpers ändert, dann ändert sich sein Volumen. Die meisten Festkörper dehnen sich bei steigender Temperatur in alle Richtungen aus.

Bei Festkörpern ist die Volumenänderung noch kleiner als bei Flüssigkeiten. Sie ist auch abhängig von dem Stoff, aus dem der Körper besteht.

GASE DEHNEN SICH AUS · Die meisten Flüssigkeiten und Festkörper dehnen sich bei Erwärmung aus. Ist das bei Gasen auch so oder verhalten sie sich anders?

Mit Luft, dem Gas, in dem du lebst, kannst du hierzu Versuche machen. Im ▸ Bild 3 A ist ein Luftballon über eine Glasflasche gezogen, in der sich Luft bei Zimmertemperatur befindet. Diese Flasche wird nun durch ein heißes Wasserbad erwärmt (▸ Bild 3 B). Schnell beginnt der Luftballon sich aufzurichten.

In einem anschließenden Versuch kannst du untersuchen, wie sich Luft beim Abkühlen verhält. Stell dazu die Flasche mit dem auf-

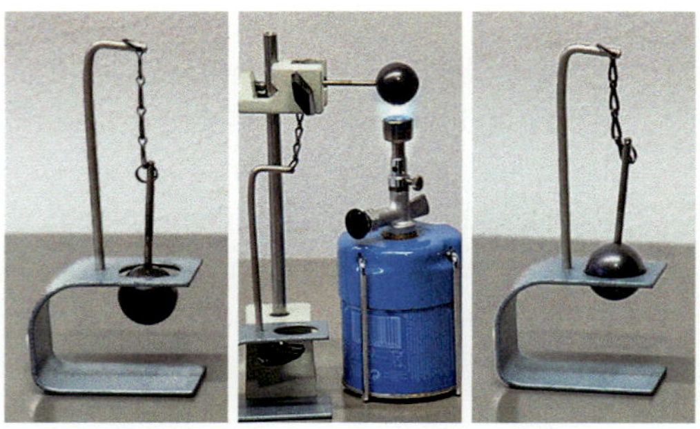

▸2 Passt die Kugel durch das Loch?

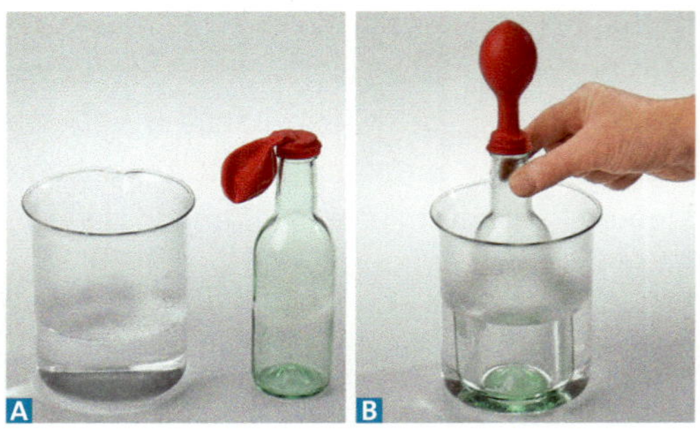

▸3 Luft dehnt sich bei Erwärmung aus.

gerichteten Luftballon für einige Minuten in den Kühlschrank. Wenn du sie wieder herausnimmst, dann hängt der Luftballon schlaff herab. Die in Luftballon und Flasche eingeschlossene Luft hat sich wieder „zusammengezogen". Ihr Volumen ist kleiner geworden.

GASE MACHEN KEINE AUSNAHME · So wie Luft verhalten sich auch alle anderen Gase. Anders als bei den Flüssigkeiten und den Festkörpern gibt es bei verschiedenen Gasen keinen Unterschied. Sie dehnen sich alle bei Erwärmung nahezu gleich stark aus. Außerdem nimmt das Volumen von Gasen viel mehr zu als das von Flüssigkeiten und Festkörpern. ▸ Bild 4 zeigt einen Vergleich der Zunahme jeweils gleicher Volumina von Luft, Wasser und Stahl bei einer Erwärmung von 20 °C auf 100 °C.

Alle Gase dehnen sich bei Erwärmung nahezu gleich aus.
Die Volumenzunahme von Gasen ist dabei größer als die Zunahme des Volumens von Flüssigkeiten oder Festkörpern.

VOLUMEN BEIM VERDAMPFEN · Wenn eine Flüssigkeit verdampft, dann nimmt das Volumen schlagartig zu. Das zeigt ein Versuch deutlich: In einen Ballon wird etwas Wasser gefüllt. Der zugeknotete Ballon wird in einen Mikrowellenherd gelegt (▸ Bild 6 A). Wenn

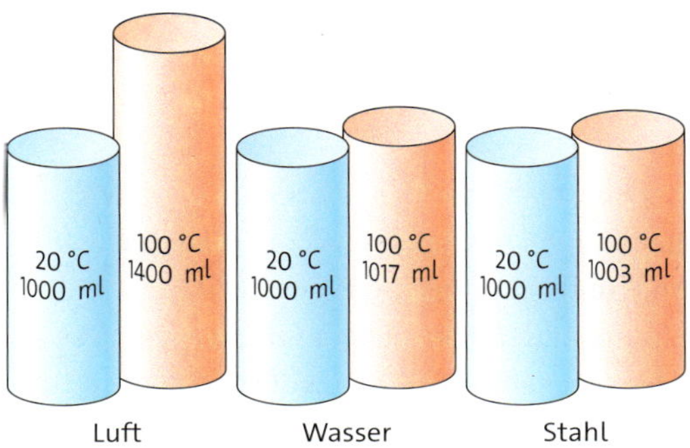

▸4 Wärmeausdehnung von Luft, Wasser und Stahl

▸5 Schlauchbootvergnügen – Vorsicht bei Hitze!

man den Herd einschaltet, dann bläht der Ballon sich innerhalb weniger Sekunden stark auf (▸ Bild 6 B).

Vorsicht!
Der Versuch mit dem Ballon darf nur von einer Lehrkraft durchgeführt werden!

Das Wasser im Ballon verdampft beim Erhitzen. Der Wasserdampf kann nicht entweichen und bläht so den Ballon auf. Wenn man Wasser vollständig verdampft, dann nimmt der Wasserdampf ein 1700-mal so großes Volumen ein wie das flüssige Wasser!

Im Gegensatz dazu ändert sich das Volumen beim Übergang zwischen Flüssigkeit und Festkörper nur wenig.

1 Die Ausdehnung von Gasen musst du in manchen Alltagssituationen beachten. Erkläre, welche Probleme bei der Verwendung von aufblasbaren Kanus (▸ Bild 5) im Sommer auftreten können.

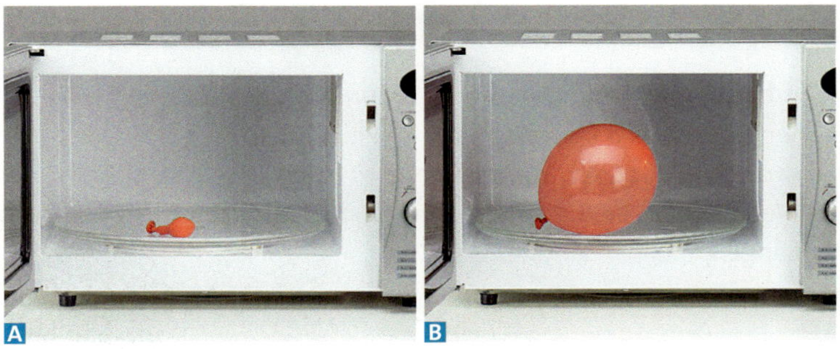

▸6 **A** Wasser im Ballon noch flüssig, **B** Wasser ist verdampft

METHODE

Darstellen von Messwerten in einem Diagramm

Mit einem Diagramm kannst du Messwerte übersichtlich darstellen. Wie das funktioniert, lernst du hier an einem Beispiel.

Eine Tasse mit heißem Tee kühlt ab ①. Du beobachtest die Temperaturänderung. Dafür misst du alle fünf Minuten die Temperatur des Tees. Die Messwerte hältst du in einer Tabelle fest ②.

Anlegen eines Koordinatensystems · Für das Diagramm legst du ein Koordinatensystem an:
Du verwendest die Rechtsachse ③ für die Zeit und die Hochachse ④ für die Temperatur.
Du benennst die Achsen mit der jeweiligen Größe und der dafür verwendeten Einheit.
Die Einteilung der Achsen wählst du so, dass du auch noch die größten Messwerte einzeichnen kannst. Dein Diagramm darf dabei nicht zu klein sein.

Eintragen der Messwerte · Die jeweils zusammengehörenden Werte trägst du als kleine Kreuze ein. Im ▸ Bild 1 ist markiert, wie du den Punkt einträgst, der zum Messwert 10 min/64 °C gehört ⑤.

Ausgleichskurve · Welche Temperatur hatte der Tee nach 23 Minuten? Auch bei dieser Frage hilft dir das Diagramm weiter:
Du zeichnest eine möglichst glatte Kurve durch die eingetragenen Punkte. Im ▸ Bild 1 ist sie rot dargestellt ⑥. Mithilfe der Kurve kannst du nun ablesen: Nach 23 Minuten war der Tee noch 45 °C heiß.

Arbeiten mit dem Diagramm · Wann hat der Tee eine Temperatur von 60 °C? Um die Frage zu beantworten, kannst du das Diagramm umgekehrt lesen ⑦:
Wenn der Tee 60 °C heiß ist, dann sind 12 Minuten vergangen.

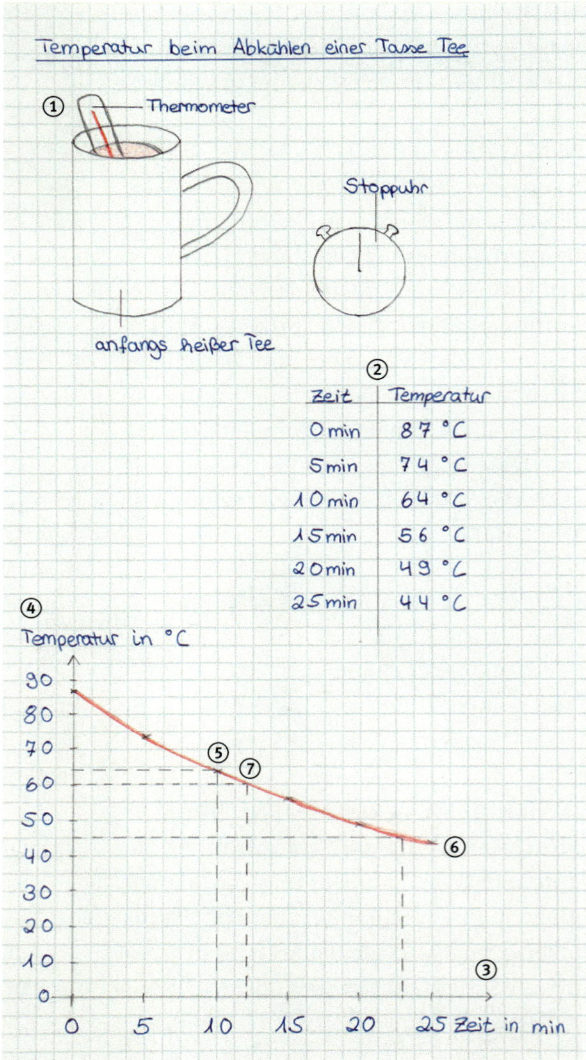

▸1 Temperaturverlauf beim Abkühlen einer Tasse Tee

1 **a)** Beschreibe, wann die Temperatur am schnellsten abgenommen hat. Erkläre, woran man das im Diagramm und in der Tabelle erkennt.
b) Bestimme mithilfe des Diagramms, wie lange es dauert, bis sich der Tee von 70 °C auf 50 °C abgekühlt hat.

VERSUCHE ► Was geschieht beim Erhitzen von Wasser?

V1 Wasserkochen

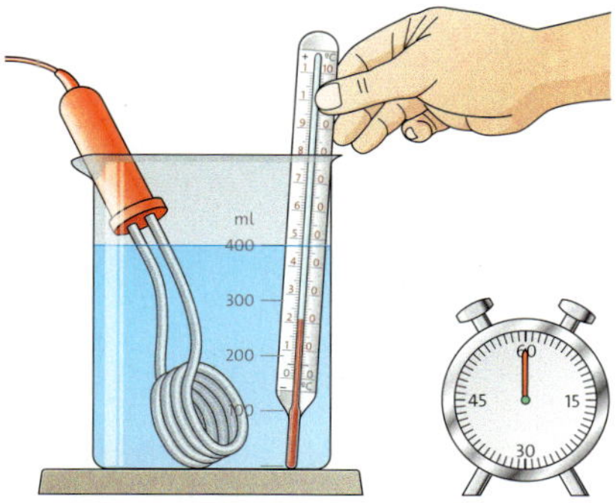

►2 Versuchsaufbau

Versuch in Tischmitte aufbauen!
Vorsicht! Schon ab 60 °C kann es zu Verbrühungen kommen! Auch das Glas wird sehr heiß!
Halte deinen Kopf nicht über das Wasser. Beobachte von der Seite!
Der Tauchsieder wird sehr heiß!
Nur einschalten, wenn er im Wasser steht! Nur am Griff anfassen!
Keine Kunststoffbecher verwenden!

Zeit	Temperatur	Beobachtungen
0 min	19 °C (Beispiel)	Kleine Bläschen am Topfboden
1 min	21 °C	...
2 min	...	...

►3 Tabelle der Messwerte und Beobachtungen

Material:

Becherglas (400 ml), Tauchsieder, hitzebeständige Unterlage, Wasser, Thermometer, Stoppuhr

Arbeitsauftrag:

Du wirst Wasser erhitzen und dabei messen, wie sich die Temperatur des Wassers mit der Zeit ändert. Dabei beobachtest du, was im und um das Wasser geschieht.

a) Lege hierfür eine Tabelle wie im ► Bild 3 an. Lass genügend Platz für deine Beobachtungen.

b) Fülle das Glas zu zwei Dritteln mit Wasser. Miss die Temperatur und beobachte das Wasser.

c) Stelle den Tauchsieder ins Wasser und schalte ihn ein. Starte gleichzeitig die Stoppuhr (► Bild 2). Miss jede Minute die Temperatur und beobachte das Wasser. Halte deine Messungen und Beobachtungen in der Tabelle fest. Beende deine Messreihe, wenn sich die Temperatur des Wassers fünf Minuten lang nicht mehr ändert.

d) Stelle die Temperaturänderung in einem Diagramm dar (Rechtsachse: Zeit in Minuten; Hochachse: Temperatur in °C). Beschreibe den Verlauf des Diagramms.

e) Vergleiche deine Beobachtungen mit denen anderer Gruppen.

Material A ► Wasserverbrauch

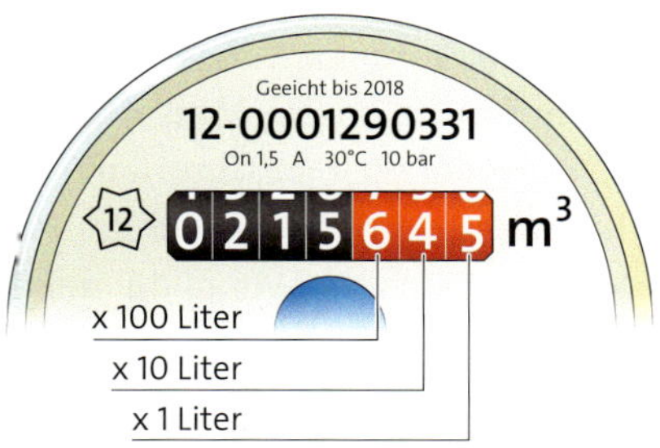

►4 Wasserzähler

Wasserzähler zeigen die Wassermenge in Kubikmetern (m^3) an.
1 m^3 entspricht 1000 Litern.
Bei dem Zähler hier ist der aktuelle Zählerstand also bei 215 645 Litern.

Wochentag	Zählerstand	Wasserverbrauch
Mittwoch	215 645 Liter	–
Donnerstag	216 176 Liter	531 Liter
...	216 713 Liter	...

►5 Tabelle der Messwerte

A1 a) Miss den Wasserverbrauch bei dir zuhause während einer Woche. Lies dazu jeden Tag etwa zur gleichen Uhrzeit den Wasserzähler ab. Im ► Bild 4 wird erklärt, wie du einen Wasserzähler abliest. Trage die Werte in eine Tabelle wie im ► Bild 5 ein.

b) Stelle die täglich verbrauchte Wassermenge in einem Diagramm dar. Beschreibe, wie du vorgegangen bist.

c) Vergleiche den Verbrauch an den verschiedenen Tagen. Finde eine Erklärung, wenn besonders viel oder wenig verbraucht wurde.

▸1 Ganz schön schwer, oder?

Körper haben Masse und Volumen

Wir sind von vielen verschiedenen Dingen umgeben. Wir unterscheiden sie anhand ihrer Eigenschaften. Der Felsbrocken ist groß, hart und rau. Das Kind ist dunkelhaarig, klein und stark. Wir betrachten nun zwei wichtige Eigenschaften, die jeder Körper besitzt – egal, ob Felsen, Kind, Speiseeis oder Smartphone.

Im Alltag sagt man statt Masse oft Gewicht.

SCHWER ODER LEICHT – DIE MASSE · Wenn du deine Schultasche in die Hand nimmst, dann spürst du, ob sie schwer oder leicht ist. Aber wie schwer sie genau ist, kannst du nicht sagen. Wenn du deine Tasche und die deines Sitznachbarn mit beiden Händen gleichzeitig hochhebst, dann kannst du spüren, welche Tasche schwerer ist. Das Gefühl der „Schwere" beruht auf einer Eigenschaft, die alle Körper besitzen. Man nennt diese Eigenschaft **Masse.** Schwere Körper haben eine große Masse, leichte Körper eine kleine.

▸2 Die Tasche wiegt 19 „Apfel".

Wenn du Gegenstände mit deinen beiden Armen hältst, dann kann du Massen vergleichen. Aber wie kannst du die Masse deiner Schultasche nun wirklich bestimmen? Du könntest ihre Masse zum Beispiel mit einer Anzahl Äpfel vergleichen. Wenn du deine Schultasche in die eine Hand und in die andere Hand einen Beutel mit Äpfeln nimmst, dann kannst du mit etwas Probieren herausfinden, wie groß die Masse deiner Tasche in der Einheit „Apfel" ist (▸ Bild 2).

Diese Methode ist ziemlich ungenau. Das liegt auch daran, dass Äpfel unterschiedliche Masse haben. Das genauere Verfahren funktioniert aber ganz ähnlich.

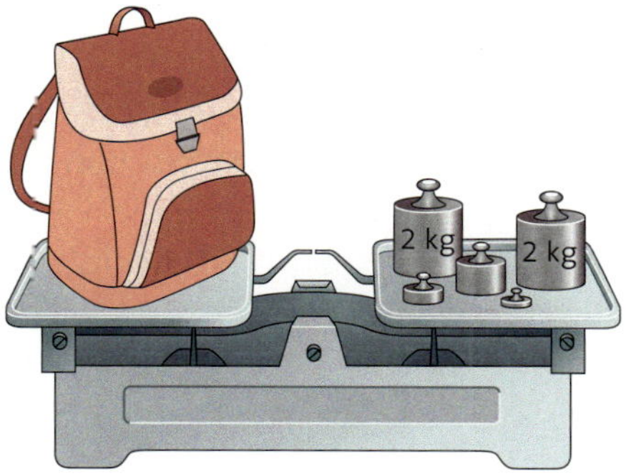

► 3 Die Masse der Tasche beträgt 4,75 kg.

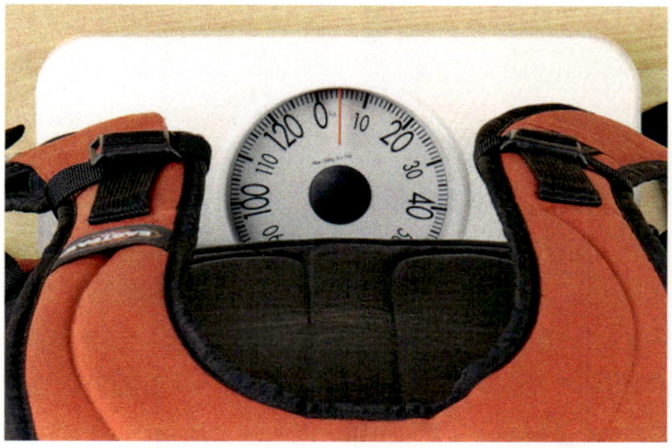

► 4 Die Schultasche auf der Personenwaage

► 5 Küchenwaage

BESTIMMUNG DER MASSE · Die Äpfel ersetzen wir durch Vergleichsmassen, die eindeutig bestimmt sind. 1889 einigte man sich international auf das Kilogramm als allgemeingültige Vergleichsmasse. Ein Kilogramm ist die Masse des sogenannten „Urkilogramms", eines speziellen Metallkörpers, der in Paris aufbewahrt wird. Von diesem Urkilogramm existieren in allen Ländern exakte Kopien.

Für Messungen werden oft auch andere Vergleichsmassen benötigt. Solche Vergleichsmassen nennen wir auch Massestücke.

Um die Masse deiner Schultasche zu bestimmen, benutzen wir statt unserer Arme eine Tafelwaage (► Bild 3). Damit kann man Massen viel genauer vergleichen. Auf die eine Seite der Tafelwaage stellen wir deine Tasche und auf die andere Seite so viele Massestücke, bis die Waage im Gleichgewicht ist. Die Gesamtmasse der Massestücke ist dann gleich der Masse deiner Tasche (► Bild 3). Fassen wir zusammen:

Jeder Körper hat eine Masse. Sie gibt an, wie schwer der Körper ist.
Die Einheit der Masse ist ein Kilogramm (kurz: 1 kg).

WAAGEN IM ALLTAG · Vielleicht gibt es bei dir zuhause eine Personenwaage (► Bild 4) oder eine Küchenwaage (► Bild 5). Die Personenwaage kann größere Massen bestimmen, die Küchenwaage dafür kleinere Massen, aber viel genauer. Mit der Personenwaage kannst du deine Tasche nun viel bequemer wiegen als mit der Tafelwaage. Du stellst einfach die Tasche auf die Waage und liest die Masse auf der Skala ab (► Bild 4). Die Waage hat im Inneren verformbare Teile. Diese verformen sich umso stärker, je schwerer die Tasche ist. Diese Verformung überträgt ein Mechanismus auf eine Skala.

KLEINE UND GROSSE MASSEN · Häufig hat man es mit kleineren oder größeren Massen zu tun. Die nächst kleinere Vergleichsmasse ist 1 Gramm (1 g). Sie ist so gewählt, dass 1000 g genau ein 1 kg sind. Eine Tafel Schokolade zum Beispiel hat meistens die Masse 100 g. Deine Schultasche kann zum Beispiel 5 kg und 637 g wiegen. Für noch größere Massen verwendet man die Vergleichsmasse 1 Tonne (1 t). Sie ist so gewählt, dass 1000 kg genau 1 t sind.

1 t = 1000 kg
1 kg = 1000 g
1 g = 1000 mg
1 mg steht für 1 Milligramm

1 Gib für folgende Körper die Einheit an, in der man die Masse am sinnvollsten misst: Elefant, Mensch, Gummibärchen, Auto, Vogelfeder, gefüllte Schultasche.

►1 Eine 1 l-Saftflasche

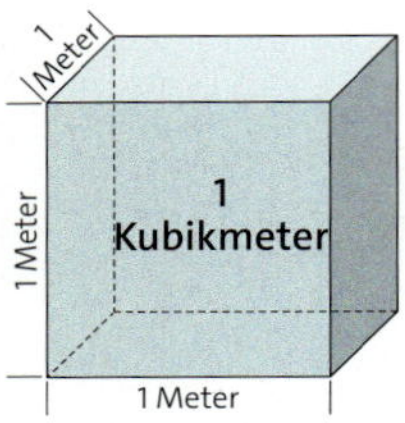

►2 Volumen eines Würfels

$1\,m^3 = 1000\,l$
$1\,dm^3 = 1\,l$
$1\,cm^3 = 1\,ml$

GROSS ODER KLEIN – DAS VOLUMEN · Auf Getränkeflaschen findest du häufig die Angabe 1 l, in Worten: ein Liter. Diese Angabe beschreibt eine weitere Körpereigenschaft – das **Volumen.** Die Angabe besagt, dass der Saft in der Flasche einen Raum von 1 l einnimmt. Man sagt auch, dass der Saft in der Flasche ein Volumen von 1 l hat. Bei der Saftflasche im ► Bild 1 ist angegeben, dass die ganze Flüssigkeit ein Volumen von einem Liter (1 l) hat.

Das Volumen von Flüssigkeiten kannst du mit einem **Messbecher** bestimmen (► Bild 3, links). Außen oder innen befindet sich eine Skala, an der du das Volumen der Flüssigkeit im Messbecher ablesen kannst. Oft wird das Volumen auf Messbechern in Millilitern (ml) gemessen. Dabei gilt:
1000 ml = 1 l.

VOLUMEN VON FESTEN KÖRPERN MESSEN · Kann man mit einem Messbecher auch das Volumen fester Körper messen? Normalerweise geht das nicht. Die festen Körper füllen nicht den ganzen Raum im Messbecher aus (► Bild 3, rechts). Du liest also ein zu großes Volumen ab. Es gibt aber eine clevere Methode:
Wenn man zum Beispiel einen Stein in Wasser taucht, dann verdrängt der Stein eine bestimmte Menge Wasser – der Wasserspiegel im Messbecher steigt. Das Volumen des verdrängten Wassers ist genauso groß wie das Volumen des Steins. Das nutzen wir nun aus (► Bild 4).
Wir füllen Wasser in einen Messzylinder und lesen an der Skala das Volumen des Wassers ab, beispielsweise 500 ml. Dann tauchen wir den Stein vollständig ins Wasser. Am Wasserstand nach dem Eintauchen lesen wir das Gesamtvolumen von Stein und Wasser ab, sagen wir 720 ml. Das Volumen des Steins ergibt sich dann als Differenz der vor und nach dem Eintauchen abgelesenen Werte, im Beispiel:
720 ml – 500 ml = 220 ml.

KLEINE UND GROSSE VOLUMINA · Auch für das Volumen gibt es Vergleichskörper. Ein Würfel mit einer Kantenlänge von einem Meter (1 m) hat das Volumen 1 Kubikmeter ($1\,m^3$) (► Bild 2). Er verdrängt genau 1000 l Wasser. Das ist sehr viel. Häufig nimmt man besser eine andere Einheit: Ein kleinerer Würfel mit der Kantenlänge 1 Dezimeter (1 dm) hat das Volumen von 1 Kubikdezimeter ($1\,dm^3$) – das sind genau 1 l.

Jeder Körper hat ein Volumen. Es gibt an, wie viel Raum er einnimmt. Die Einheit ist ein Kubikmeter (kurz: $1\,m^3$).

►3 Volumenmessung mit dem Messbecher

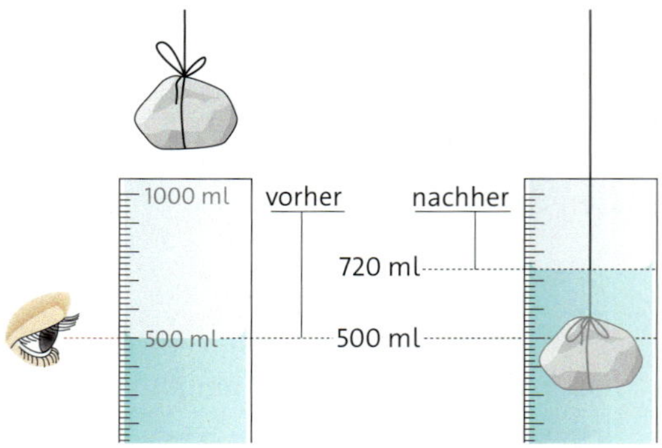

►4 So bestimmt man das Volumen eines Steins.

VERSUCHE ▸ Messungen von Masse und Volumen

V1 Messungen mit einer Selbstbauwaage

Du baust eine Waage und misst damit Massen.

Material:

dünnes Gummiband, ein Plastikbecher, Klebeband, möglichst viele verschiedene Euro-Münzen, eine senkrechte Fläche (zum Beispiel Brett oder Tür), auf die du Klebeband kleben darfst.

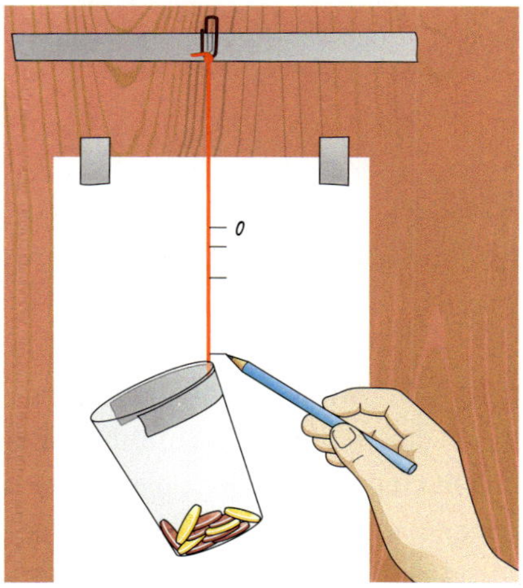

Bau der Waage:

- Informiere dich über die Massen der Euro-Münzen.
- Baue die Waage wie im Bild links.
- Markiere die Position des leeren Bechers. Lege nun nacheinander die Münzen in den Becher und markiere jeweils die neue Position.
- Beschrifte die Skala, in dem du die Masse in Gramm angibst.

Arbeitsauftrag:

a) Bestimme die Massen verschiedener Gegenstände mit deiner Gummiband-Waage. Notiere, bei welchen Gegenständen das gut gelingt und bei welchen weniger gut.
b) Bestimme den Messbereich deiner Waage.
c) Die Abstände der Skala sind nicht sehr gleichmäßig. Überlege, woran dies liegen könnte.

V2 Volumenmessungen

Du misst jeweils das Volumen von verschiedenen Körpern.

Material:

Messbecher mit Wasser, mehrere Gegenstände, die nass werden dürfen, mehrere gleiche Münzen

Arbeitsauftrag:

a) Bestimme jeweils das Volumen von verschiedenen Gegenständen, zum Beispiel eines Radiergummis oder eines Schlüsselbundes.
Notiere, bei welchen Gegenständen das gut gelingt und bei welchen weniger gut.
b) Bestimme das Volumen einer Münze. Überlege dir dazu, wie du mit mehreren gleichen Münzen die Messung vereinfachen kannst.
Beschreibe dein Vorgehen.

Material A ▸ Messbecher

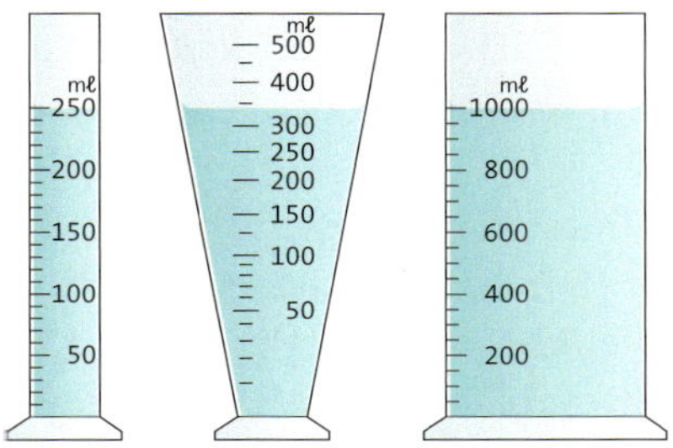

A1 Sammle die Vor- und Nachteile kegelförmiger Messbecher gegenüber breiten bzw. schmalen.

Material B ▸ Atemvolumen

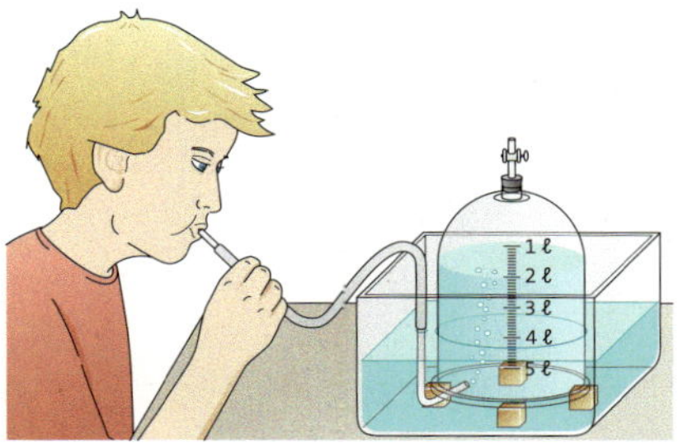

Auch Gase haben ein Volumen. Das Bild zeigt, wie du das Volumen deiner Atemluft bestimmen kannst.

B1 a) Beschreibe, was du auf dem Bild siehst. Überlege, worauf man achten muss, damit man tatsächlich das Volumen der Atemluft misst.
b) Führe den Versuch selbst durch.

B2 Lea fragt: „Kann man das Atemvolumen nicht einfach mit einem Luftballon bestimmen?"
Was meinst du? Überlege, wie ein entsprechender Versuch funktionieren könnte.

▸1 Ein schwimmendes Holzfloß

Schwimmen und Sinken

Das Holzfloß besteht aus großen schweren Baumstämmen. Es kann im Wasser schwimmen. Wenn man aber eine kleine leichte Schraube aus Eisen ins Wasser wirft, dann wird sie sinken. Welche Eigenschaft bestimmt eigentlich, ob das Floß schwimmt?

EIGENSCHAFTEN DER KÖRPER · Das Floß und die Schraube sind unterschiedlich groß und haben eine unterschiedliche Masse. Außerdem bestehen sie aus unterschiedlichen Stoffen. Welche Eigenschaft bestimmt, ob ein Körper auf dem Wasser schwimmt oder im Wasser sinkt?

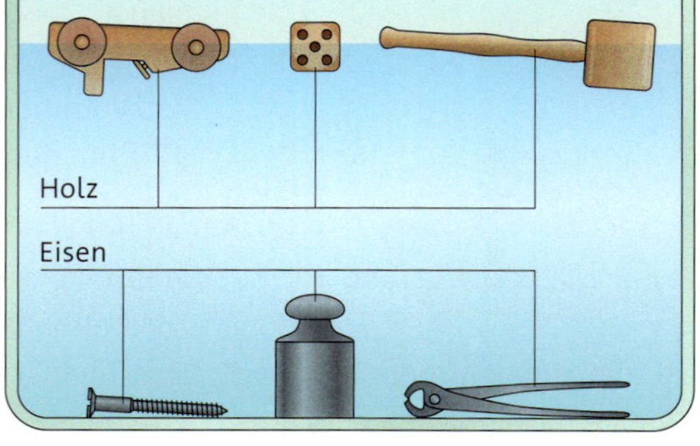

▸2 Körper aus Holz und Eisen im Wasser

MASSE UND VOLUMEN · Wir untersuchen die Stoffe des Floßes und der Schraube: Holz und Eisen. Dazu machen wir einen einfachen Versuch. Wir geben große und kleine Körper aus Eisen und Holz in ein Gefäß mit Wasser (▸ Bild 2). Die Körper aus Holz schwimmen alle, die Körper aus Eisen sinken alle. Dabei ist es gleichgültig, welches Volumen die Körper haben. Das Volumen scheint also keinen Einfluss auf die Schwimmfähigkeit der Körper zu haben. Was ist mit der Masse?

Dir ist bestimmt klar: Ein doppelt so großer Körper aus Holz hat auch eine doppelt so große Masse. Also haben die größeren Körper auch eine größere Masse. Und trotzdem schwimmen die großen Holzkörper genauso wie die kleinen. Bei den Körpern aus Eisen ist es genauso. Die Masse allein bestimmt also nicht, ob ein Körper schwimmt oder nicht.

Eines fällt dir aber sicher auf: Wenn man einen Körper aus Eisen mit einem gleich großen Körper aus Holz vergleicht, dann hat der Eisenkörper eine größere Masse als der Holzkörper (▸ Bild 3). Die Eigenschaft der Masse bei vergleichbarem Volumen scheint also den Unterschied zu machen.

DIE STOFFEIGENSCHAFT DICHTE · Um die Stoffe besser vergleichen zu können, verwenden wir ab sofort nur noch Körper mit gleichem Volumen und untersuchen diese. Wir nehmen dazu kleine Würfel mit der Kantenlänge 1 cm (▸ Bild 4). Diese Würfel haben dann ein Volumen von 1 cm^3.

Der Testkörper aus Holz hat eine Masse von 0,7 g. Der Testkörper aus Eisen hat eine Masse von 7,9 g. Der Testkörper mit der kleineren Masse schwimmt, der Testkörper mit der größeren Masse geht unter.

Um zu untersuchen, ab welcher Masse ein Testkörper aus einem bestimmten Stoff schwimmt, kann man die Massen von Testkörpern in der ▸ Tabelle 5 vergleichen. Auch Flüssigkeiten mit dem Volumen von 1 cm^3 wurden gewogen. Wasser mit einem Volumen von 1 cm^3 zum Beispiel wiegt 1 g.
Es fällt auf: Alle Testkörper, die eine kleinere Masse als 1 cm^3 Wasser haben, schwimmen.

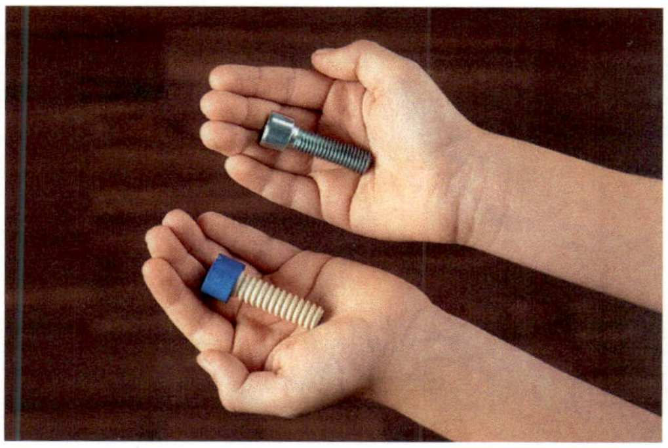

▸ **3** Eisen- und Holzschraube im Vergleich

Alle Testkörper, die eine größere Masse als 1 cm^3 Wasser haben, sinken.

Für die Eigenschaft Masse pro Kubikzentimeter verwenden wir einen neuen Begriff – die **Dichte.** Sie ist eine Stoffeigenschaft.

> Die Dichte ist eine Stoffeigenschaft. Sie bestimmt, ob ein Körper auf dem Wasser schwimmt oder im Wasser sinkt.

Im Alltag sagt man oft, Eisen ist schwerer als Holz. Man meint damit aber die Dichte.

DIE BESTIMMUNG DER DICHTE · Wenn man von einem Stoff die Dichte bestimmen möchte, dann kann man nicht immer einen Testkörper mit einem Volumen von 1 cm^3 herstellen. Aber man kann folgendermaßen vorgehen:
Du weißt schon, dass man das Volumen eines beliebigen Körpers mit der Verdrängungsmethode bestimmen kann. Wenn man damit das Volumen der Eisenschraube aus ▸ Bild 3 bestimmt, dann erhält man ungefähr 3 cm^3. Nun wiegt man die Schraube, sie hat eine Masse von 24 g. Wenn man diese Masse durch das Volumen teilt, dann erhält man die Masse für einen Kubikzentimeter Eisen, also etwa 8 g. Man sagtdie Dichte von Eisen beträgt ungefähr 8 $\frac{g}{cm^3}$ (lies: 8 Gramm pro Kubikzentimeter).

> Um die Dichte zu berechnen, teilt man die Masse eines Körpers durch sein Volumen.

1 Nenne drei Stoffe, die auf dem Wasser schwimmen und drei Stoffe, die im Wasser sinken.

2 Ein Körper hat ein Volumen von 10 cm^3 und eine Masse von 25 g. Aus welchem Stoff besteht er?

▸ **4** Testkörper aus Holz und Eisen

Testkörper aus ...	Masse in g
Luft	0,0013
Styropor	0,017
Holz	0,3–1,1
Benzin	0,7
Alkohol	0,79
Speiseöl	0,8–0,9
Eis	0,92
Wasser	**1,00**
Glas	2,5
Aluminium	2,7
Eisen	7,9
Quecksilber	13,5
Gold	19,3

▸ **5** Massen von Testkörpern mit einem Volumen von 1 cm^3.

►1 Ein schwimmender Eisenkörper

►2 Ein gesunkener Eisenkörper

KANN EISEN SCHWIMMEN? · Schiffe bestehen weitgehend aus Eisen, können aber trotzdem schwimmen (► Bild 1). Woran liegt das?
Dazu machen wir ein Experiment: Wir füllen eine Wanne mit Wasser und legen eine kleines Holzbrett auf das Wasser – Holz hat eine Dichte von ungefähr 0,7 g pro cm^3, es schwimmt also. Nun legen wir auf das Brett einige Schrauben aus Eisen. Das Brett mit den Schrauben schwimmt (► Bild 3).

Wenn wir zu viele Schrauben auf das Holzbrett legen, dann geht der gesamte Körper unter. Wenn man das Holzbrett jedoch größer macht oder ein größeres nimmt, dann schwimmen die Körper zusammen wieder.

Noch besser funktioniert das Ganze, wenn wir die Schrauben auf einen Körper aus einem Stoff mit noch kleinerer Dichte legen. Eine sehr kleine Dichte hat zum Beispiel Styropor. Du siehst, dass man mehr Schrauben auf das Brett legen kann als auf das Holzbrett (► Bild 4).

Und es geht noch besser: Wir legen die Schrauben in einen Plastikbeutel und füllen ihn mit Luft. Ein Kubikzentimeter Luft hat eine sehr kleine Masse von ungefähr 0,0013 g. Man kann also sehr viele Schrauben mit Luft zum Schwimmen bringen (► Bild 5).

Genau so bringt man ein Schiff aus Eisen zum Schwimmen. Im Inneren des Schiffes muss nur genügend Luft enthalten sein. Wenn sich ein Schiff mit Wasser füllt, dann sinkt es wie im ► Bild 2.

►3 Holzbrett mit Schrauben

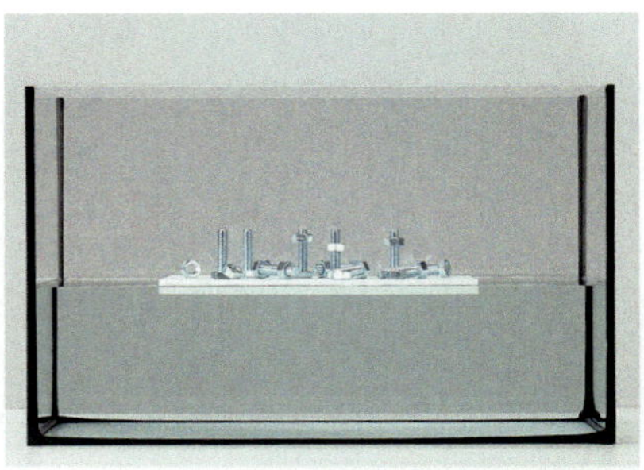

►4 Styroporbrett mit Schrauben

►5 Luftgefüllte Tüte mit Schrauben

VERSUCHE ▸ Schwimmende Körper

V1 Welche Stoffe schwimmen?

In diesem Versuch untersuchst du an verschiedenen Alltagsgegenständen, ob sie schwimmen oder sinken.

Material:

Wasserschüssel, Büroklammer, Korken, Münze, Radiergummi, Wäscheklammer, ...

Arbeitsauftrag:

a) Welche der Gegenstände schwimmen? Übernimm die Tabelle in dein Heft und notiere dort deine Vermutung. Überprüfe deine Vermutung, indem du die Gegenstände in das Wasser gibst.
b) Untersuche bei fünf Gegenständen deiner Wahl, ob sie schwimmen oder nicht.
c) Überlege dir, woran es liegt, ob ein Gegenstand schwimmt oder nicht.

Gegenstand	Vermutung	Beobachtung
Büroklammer	sinkt	
Korken		
Münze		
Radiergummi		
...		

V2 Die schwimmende Flasche

In diesem Versuch untersuchst du, wie viel Luft man benötigt, um verschiedene Körper zum Schwimmen zu bringen.

▸6 Schwimmende Flasche

Material:

PET-Flasche (0,5 l), Wasserschüssel, kleine Nägel, Sand, Waage

Arbeitsauftrag

a) Untersuche, wie viele Nägel du in die Flasche geben kannst, bis sie untergeht. Führe den Versuch danach mit Sand und Wasser durch. Gib das Volumen der Mengen an.

b) Bestimme mit der Waage die Masse der Nägel, des Sandes und des Wassers, die die PET-Flasche gerade noch tragen kann, ohne unterzugehen. Was kannst du über die Dichte der drei Stoffe aussagen?

Projekt ▸ Das Knetboot

Ziel:

Ein Knetboot, das möglichst viel Wasser tragen kann.

Material:

Wasserschüssel, Knete

Arbeitsauftrag:

Forme die Knete so, dass sie nicht untergeht. Wie viel Wasser kann dein Boot tragen, sodass es gerade nicht untergeht?

Material A ▸ Schwimmhilfen

▸7 Schwimmhilfen

A1 Der Körper eines Menschen hat eine etwas größere Dichte als Wasser. Damit ein Schwimmanfänger nicht untergeht, gibt es Schwimmhilfen.
Erkläre die Funktionsweise der Schwimmhilfen im ▸ Bild 7.

A2 Gib an, was man beim Schwimmen mit Schwimmhilfen unbedingt beachten muss.

►1 Eine Bachforelle

Wie schwimmen Fische?

Wenn du im Wasser tauchst, dann musst du dich ständig bewegen. Sonst sinkst du oder tauchst auf. Ein Fisch kann bewegungslos im Wasser schweben. Wie macht er das?

DIE SCHWIMMBLASE · Ein Schiff aus Eisen kann schwimmen, weil genügend Luft im Inneren eingeschlossen ist. Ein Fisch hat genau wie ein Mensch eine etwas größere Dichte als Wasser. Er würde also im Wasser sinken. Um schweben zu können, muss er Luft oder ein anderes Gas in seinem Inneren einschließen. Ein Mensch kann in seiner Lunge Luft einschließen. Wenn du nach dem Einatmen die Luft anhältst, dann sinkst du kaum.

►2 Die Lage der Schwimmblase im Innern eines Fisches

Fische haben keine Lunge. Sie besitzen aber ein Organ, in dem sie ein Gas einschließen können. Dieses Organ nennt man Schwimmblase (► Bild 2).

Wenn ein Fisch ein Gas, zum Beispiel Luft, in seine Schwimmblase pumpt, dann nimmt seine Dichte insgesamt ab. Wenn er jedoch Gas ablässt, dann nimmt seine Dichte zu. Mit genau der richtigen Menge Gas in seiner Schwimmblase kann der Fisch im Wasser schweben.

Das Gas bekommt der Fisch dabei über seine Kiemen aus dem Wasser.

Unabhängig von der Wassertiefe kann der Fisch also mithilfe seiner Schwimmblase seine Dichte so einstellen, dass sie genauso groß wie die Dichte des ihn umgebenden Wassers ist. So kann er schweben. Er nutzt die Schwimmblase aber nicht, um aufzutauchen oder zum Boden zu sinken.

FLOSSENBEWEGUNGEN BEI FISCHEN · Um sich vorwärts zu bewegen, benutzen Fische ihre Schwanzflosse (▸ Bild 2). Durch eine Hin- und Herbewegung drücken sie Wasser nach hinten. Dadurch bewegen sich die Fische nach vorne (▸ Bild 5).

Fische haben noch weitere Flossen (▸ Bild 2). Mit ihnen können sie das Auftauchen und das Abtauchen steuern sowie ihre Bewegung stabilisieren.

FISCHE OHNE SCHWIMMBLASE · Es gibt auch Fische ohne Schwimmblase. Der Rochen zum Beispiel führt ein Leben am Meeresgrund (▸ Bild 3). Er kann mit seinem Körper Wasser nach unten drücken und dadurch aufsteigen. Er kann jedoch nicht bewegungslos im Wasser schweben.

Ein Hai wie im ▸ Bild 4 besitzt ebenfalls keine Schwimmblase. Er muss ständig in Bewegung bleiben, um nicht abzusinken. Mit seiner Schwanzflosse drückt er Wasser nach hinten und bewegt sich dadurch vorwärts. Je nachdem wie er seine Brustflossen einstellt, bewegt er sich dabei aufwärts oder abwärts.

Wenn du im Wasser schwimmst, dann verwendest du das gleiche Prinzip zur Vorwärtsbewegung. Mit deinen Händen und Füßen schiebst du Wasser nach hinten und unten. Dadurch bewegst du dich nach vorne und bleibst an der Wasseroberfläche. Wenn du beim Schwimmen Flossen verwendest, dann kannst du noch mehr Wasser verdrängen und schneller schwimmen.

1 Vergleiche die Fortbewegung bei Fischen mit Schwimmblase und bei Fischen ohne Schwimmblase.

2 Beschreibe, wie man sich mit einem Ruderboot auf dem Wasser vorwärts bewegen kann.

3 Leon und Sina wollen im Schwimmbecken zum Boden tauchen. Leon atmet vor dem Luftanhalten ein, Sina atmet vorher mehrmals ein und wieder aus. Erkläre, wer leichter zum Boden kommt.

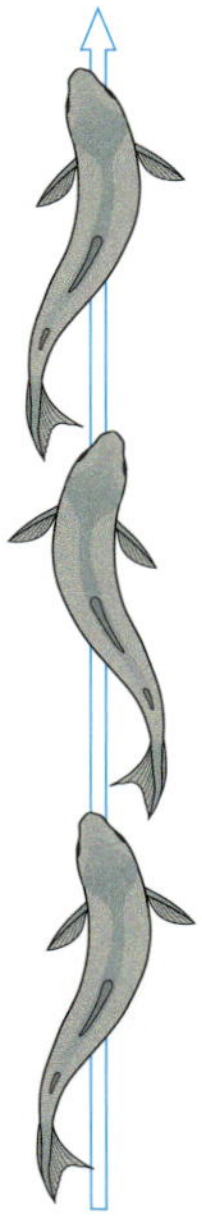

▸5 So bewegen sich Fische vorwärts

▸3 Ein Rochen am Meeresboden

▸4 Ein Hai muss sich ständig bewegen.

►2 Schiffsschraube

BLICKPUNKT–TECHNIK

Wie taucht ein U-Boot?

►1 Ein U-Boot taucht auf

Ein Unterseeboot wie im ► Bild 1 kann sowohl auf dem Wasser als auch im Wasser fahren. Mit einer Schraube, ähnlich der im ► Bild 2, verdrängt es Wasser nach hinten und kann so vorwärts fahren.

Ein U-Boot besitzt Hohlräume, die mit Luft gefüllt sind. Deswegen kann es auf dem Wasser fahren. Manche dieser Hohlräume, sogenannte Tauchzellen, kann man mit Wasser füllen (► Bild 3 A). Wenn man genügend Wasser in die Tauchzellen gepumpt hat, dann ist die Dichte des U-Bootes insgesamt größer als die von Wasser. Das U-Boot taucht unter. Wenn man wieder auftauchen will, dann drückt man das Wasser mit Pressluft aus den Tauchzellen (► Bild 3 B). Das Unterseeboot hat jetzt wieder eine kleinere Dichte als Wasser und taucht auf.

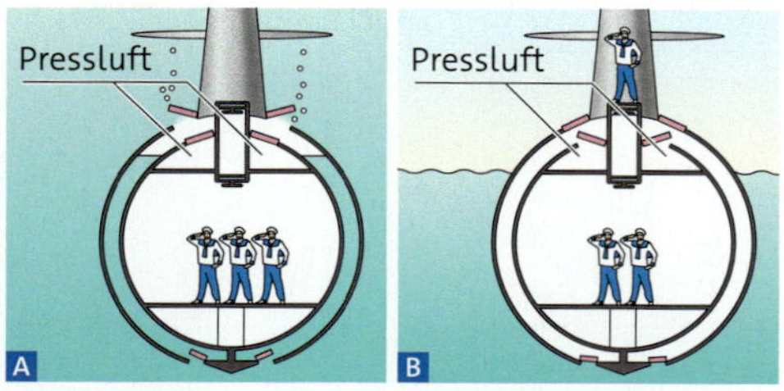

►3 **A** U-Boot taucht, **B** U-Boot schwimmt

Bau eines Modell-U-Boots

Mit folgender Anleitung kannst du einfach selbst ein Modell-U-Boot bauen (► Bild 4).

Material:

Plastikflasche, Schlauch, Luftballon, Haushaltsgummis, kleine Steine

Bau des Modells:

a) Befestige den Luftballon sorgfältig mit den Gummis am Schlauch.

b) Schneide mit einer Schere Löcher in die Flasche. Durch sie soll das Wasser aus der Flasche gepresst werden. Die Löcher können wie Bullaugen aussehen.

c) Schiebe das Schlauchende mit dem Luftballon in die Flasche. Zusätzlich kannst du die Flasche mit einigen Steinchen beschweren, damit dein Modell nicht umkippt.

Arbeitsauftrag:

d) Blase den Luftballon langsam auf und untersuche, ab wann das U-Boot schwebt. Kannst du das U-Boot auch zum Schwimmen auf dem Wasser bringen?

e) Versuche, das U-Boot mit möglichst vielen Steinchen zum Schweben zu bringen. Beschreibe dein Vorgehen.

f) Vergleiche das Modell mit einem richtigen U-Boot. Beschreibe, was das U-Boot kann, das Modell aber nicht.

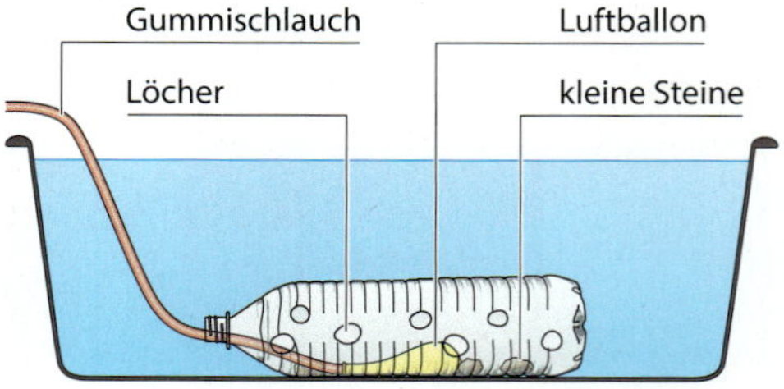

►4 Modell-U-Boot

VERSUCHE ► Schweben und Tauchen

V1 Ein Flaschentaucher

Aus einer Tintenpatrone baust du einen Flaschentaucher. In einer mit Wasser gefüllten Kunststoffflasche kannst du ihn wie ein U-Boot sinken, schweben und auftauchen lassen.

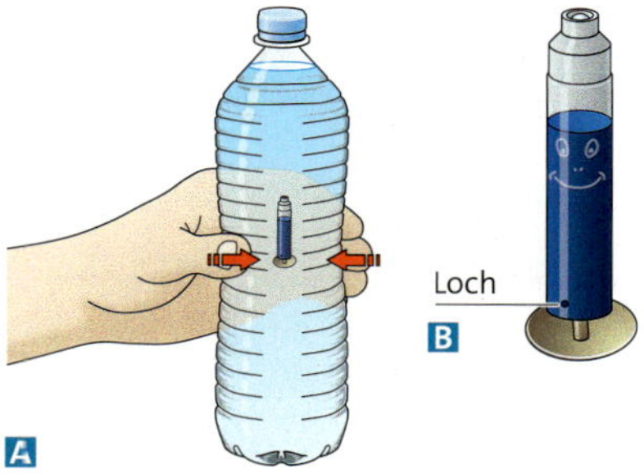

►5 **A** Flaschentaucher in der Flasche, **B** Flaschentaucher

Material:

Tintenpatrone (voll), Reißnagel, 1 l-PET-Flasche

Arbeitsauftrag:

a) Stich in die Tintenpatrone mit dem Reißnagel an der Seite möglichst weit unten ein kleines Loch. Lass vorsichtig etwa ein Drittel der Tinte aus der Patrone herauslaufen. Hefte anschließend den Reißnagel als Beschwerung an die untere Seite der Tintenpatrone (► Bild 5 A).

b) Fülle die Flasche bis zum Rand mit Wasser und lass die Patrone darin schwimmen. Die Patrone sollte nicht in der Flasche absinken, sonst musst du noch etwas Tinte ausdrücken. Verschließe die Flasche fest mit dem Deckel.

c) Drücke die PET-Flasche in der Mitte zusammen. Beschreibe deine Beobachtung. Achte dabei auf die Luftblase in der Tintenpatrone. Erkläre deine Beobachtungen mithilfe der Dichte.

d) Versuche, den Taucher in der Mitte der Flasche zum Schweben zu bringen. Beschreibe und erkläre. Gelingt das in jeder Tiefe der Flasche?

V2 Der Rosinenfahrstuhl

In diesem Versuch untersuchst du, ob Rosinen in Wasser schwimmen können.

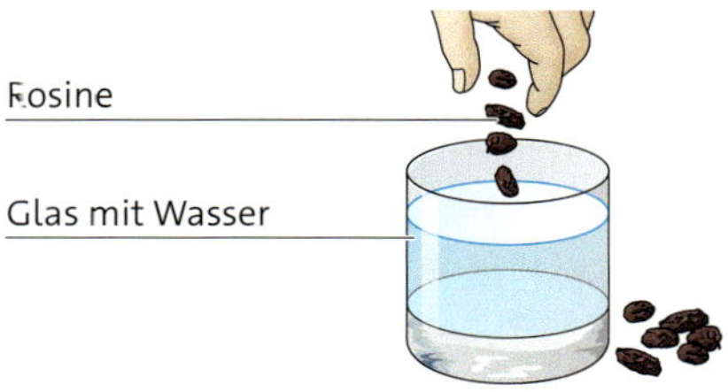

►6 Gehen die Rosinen unter?

Material:

Großes Glas, Rosinen, Leitungswasser, Wasser mit Kohlensäure

Arbeitsauftrag

a) Fülle das Glas mit Leitungswasser und gib einige Rosinen hinein. Schwimmen die Rosinen oder gehen sie unter? Erkläre deine Beobachtung.

b) Vermute, wie es bei Wasser mit Kohlensäure ist. Gib einige Rosinen in das Wasser mit Kohlensäure. Beschreibe deine Beobachtung. Erkläre den Unterschied zu dem Versuch mit Leitungswasser.

Material A ► Fortbewegung bei Fischen und U-Booten

A1 Beschreibe, wie sich Fische, mit und ohne Schwimmblase, und U-Boote bewegen. Ordne die Beschreibung in einer Tabelle übersichtlich an (► Tabelle 7).

Bewegung	Fisch (mit)	Fisch (ohne)	U-Boot
Auftauchen			
Absinken			
Schweben			
Vorwärts			
Rückwärts			

►7 Vergleich der Bewegungsarten bei Fisch und U-Boot

▸1 Verschiedene Sorten von Mineralwasser

Wasser löst Stoffe

Allein in Deutschland gibt es über 500 Sorten von Mineralwasser. Manche sprudeln stark und schmecken sauer, weshalb man auch saurer Sprudel sagt. Andere sind still oder schmecken salzig. Weshalb gibt es so viele verschiedene Mineralwassersorten?

MINERALWASSER · Wenn Regenwasser auf den Boden fällt, dann fließt ein Teil davon in Bäche, Flüsse und Seen. Ein anderer Teil versickert im Boden (▸ Bild 2). Dieses Wasser sammelt sich über einer Gesteinsschicht, die nur wenig Wasser durchlässt, und wird zu **Grundwasser.** Ein kleiner Teil des Grundwassers versickert aber weiter durch feine Poren der Gesteine in tiefere Schichten. Dabei wird es sehr sauber. Es nimmt aber auch Bestandteile der Gesteine, sogenannte Mineralstoffe, und oft auch Kohlensäure auf. Bis es an vollkommen undurchlässigen Gesteinsschichten ankommt, kann es mehrere 100 Jahre dauern. Wasser, das durch viele Gesteinsschichten fließt und dabei Mineralstoffe aufnimmt, nennt man **Mineralwasser.**

Im Unterschied zu Leitungswasser stammt Mineralwasser aus Tiefen von etwa 100 Metern. Es ist so sauber, dass es direkt an der Quelle in Flaschen abgefüllt und getrunken werden kann.

WASSER – EIN LÖSUNGSMITTEL · Wasser kann viele verschiedene Stoffe aufnehmen. Mineralstoffe, die man auch Salze nennt, sind im Wasser dann nicht mehr sichtbar. Sie haben sich aufgelöst. Man sagt, Wasser ist ein Lösungsmittel. Außer Wasser gibt es noch andere Flüssigkeiten, die Stoffe lösen.

Flüssigkeiten, die Stoffe lösen, nennt man Lösungsmittel. Wasser ist das bedeutendste Lösungsmittel.

Weil Wasser ein sehr gutes Lösungsmittel ist, kann aus Regenwasser Mineralwasser entstehen. Da es in unterschiedlichen Gebieten aus den jeweils dort vorhandenen Gesteinsschichten unterschiedliche Mengen an verschiedenen Mineralstoffen löst, ist jede Mineralwassersorte einmalig.

SÜSS- UND SALZWASSER · Wenn im Wasser weniger als ein Gramm Mineralstoffe pro Liter gelöst sind, dann bezeichnet man es als **Süßwasser.** Sowohl Leitungs- als auch Mineralwasser ist Süßwasser, obwohl es nicht süß wie Zuckerwasser schmeckt. Wasser mit einem höheren Gehalt an Mineralstoffen nennt man **Salzwasser.** Salzig schmeckt es vor allem wegen des hohen Gehalts an gelöstem Kochsalz. Etwa 97 Prozent des Wassers auf der Erde ist Salzwasser.

WARUM GIBT ES SO VIEL SALZWASSER? · Im Wasserkreislauf der Erde nimmt das Wasser auf dem Weg ins Meer immer mehr Stoffe auf (▸ Bild 3). Wenn das Meerwasser verdunstet, bleiben aber die gelösten Stoffe im Meer zurück. Deshalb enthält Meerwasser soviel mehr Mineralstoffe als Grund- und Flusswasser sowie das Wasser der meisten Seen. In einem Liter Meerwasser sind etwa 35 Gramm Salz gelöst. Das meiste Wasser der Erde ist in den Ozeanen enthalten und daher Salzwasser.

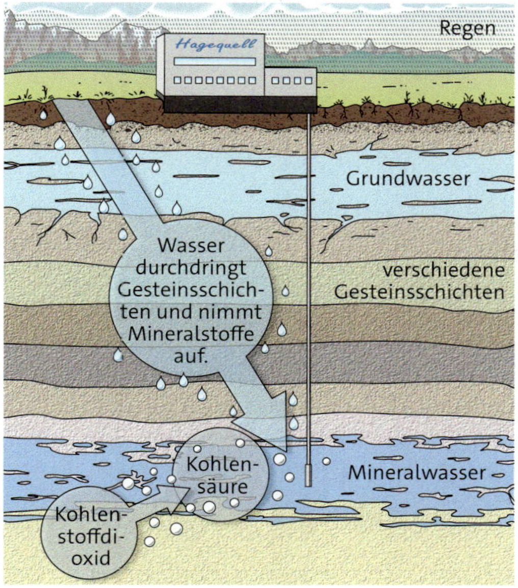

▸2 So entsteht Mineralwasser.

1 Beschreibe den langen Weg eines Regentropfens aus einer Wolke zurück in eine andere Regenwolke.
Erkläre, wie sich dabei der Gehalt an Mineralstoffen ändert.

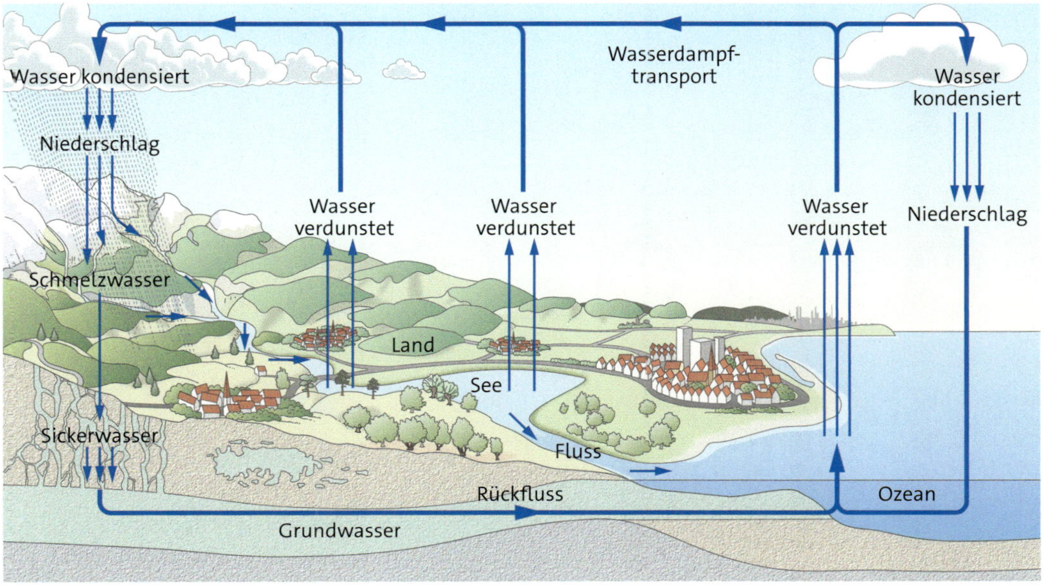

▸3 Süßwasser und Salzwasser im Wasserkreislauf der Erde

VERSUCHE ▸ Untersuchung des Lösungsmittels Wasser

In den folgenden Versuchen untersuchst du die Lösungseigenschaften von Wasser.

V1 Welche Stoffe lösen sich in Wasser?

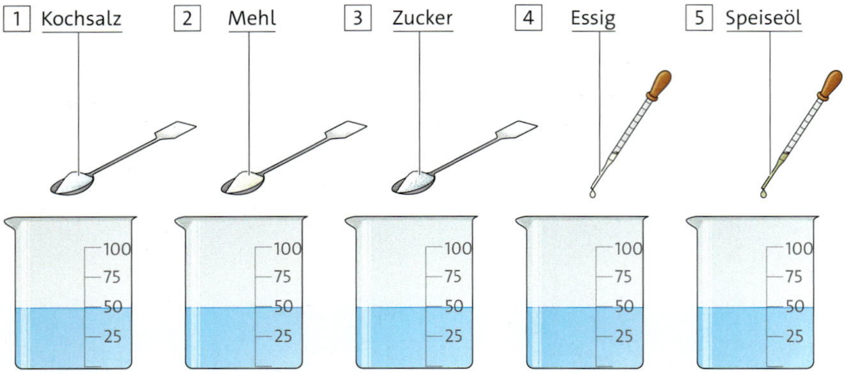

Material:

5 Bechergläser (100 ml), Teelöffel, Pipette, Glasstab, Kochsalz, Mehl, Zucker, Essig, Speiseöl

Arbeitsauftrag:

a) Beschrifte die Bechergläser mit den Ziffern 1 bis 5 und fülle in jedes Glas 50 ml Leitungswasser.

b) Gib in Glas 1 einen Spatellöffel Kochsalz, in Glas 2 Mehl und in Glas 3 Zucker.
Gib mit der Pipette 2 ml Essig in Glas 4 und 2 ml Speiseöl in Glas 5.

c) Rühre jeweils mit einem sauberen Glasstab um.

d) Beschreibe, was du unmittelbar nach dem Umrühren beobachten kannst.

e) Lasse die Gläser einige Minuten ruhig stehen. Beschreibe, was du jetzt beobachten kannst.

V2 Welche Bedingungen fördern den Lösungsvorgang?

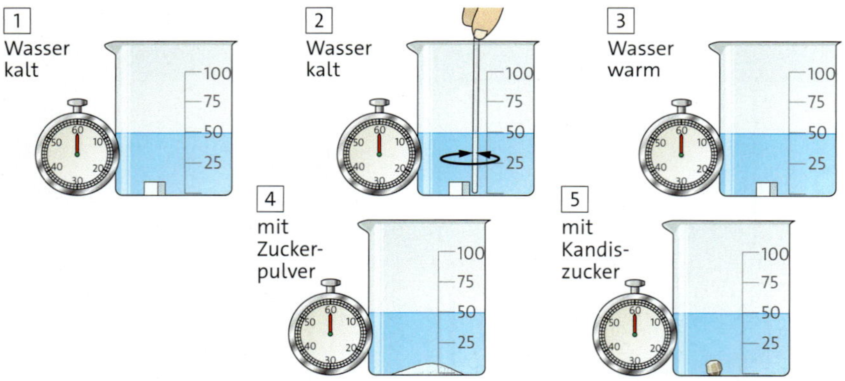

Material:

5 Bechergläser (100 ml), Glasstab, Stoppuhr, Mörser, Waage, Würfelzucker, Kandiszucker

Arbeitsauftrag:

a) Beschrifte drei Bechergläser mit den Ziffern 1 bis 3 und fülle in Glas 1 und 2 jeweils 50 ml kaltes Leitungswasser, in Glas 3 etwa 50 °C warmes Wasser.

b) Gib in jedes Glas ein Stück Würfelzucker und starte die Stoppuhr.
Rühre in Glas 2 mit dem Glasstab um und miss die Zeit bis die Zuckerwürfel nicht mehr sichtbar sind.

c) Notiere für jedes Glas die genaue Zeit bis zur Auflösung des Zuckerwürfels.

d) Wiege zweimal 5 Gramm Kandiszucker ab und zerkleinere einmal 5 Gramm mit dem Mörser zu Pulver.

e) Gib das Zuckerpulver und die nicht zerriebene Portion in jeweils ein trockenes Becherglas und gieße jeweils 50 ml Leitungswasser dazu.

f) Beschreibe deine Beobachtungen beim Kandiszuckerversuch.

g) Nenne zwei Bedingungen, die den Lösungsvorgang fördern.

Material A ▸ Bestandteile im Mineralwasser

Auf dem abgebildeten Etikett sind mit Ziffern alle wichtigen Angaben gekennzeichnet:

1 = Analyseinstitut
2 = Inhaltsstoffe
3 = Firmenname
4 = Code
5 = Füllmenge
6 = Markenname
7 = Wassersorte
8 = Haltbarkeitsdatum

A1 Finde die Angaben vom Musteretikett auf deiner Mineralwasserflasche wieder. Sind alle Angaben vorhanden, gibt es andere?

A2 Notiere die 5 mengenmäßig häufigsten Mineralstoffe deines Mineralwassers.

A3 Berechne die Summe der insgesamt gelösten Mineralstoffe in Gramm pro Liter.

Material B ▸ Löslichkeit von Salzen

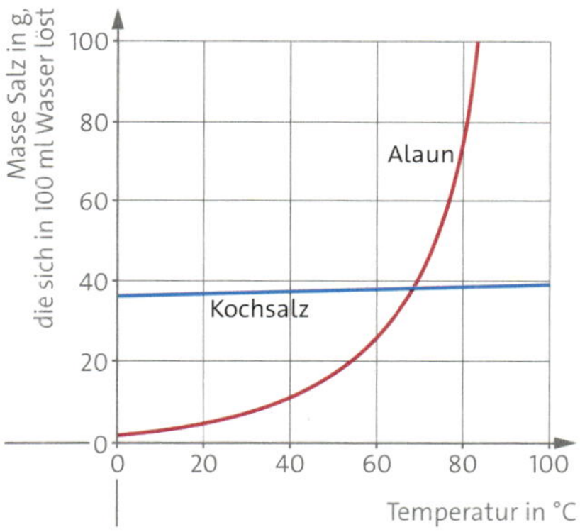

B1 Beschreibe die Veränderung der Löslichkeit von Kochsalz und Alaun mit zunehmender Temperatur.

B2 a) Nenne jeweils die maximale Menge von Kochsalz und Alaun, die sich bei 40 °C in 100 ml Wasser lösen.
b) Löse Aufgabe a) für 500 ml Wasser.

B3 In einer 80 °C warmen Alaunlösung ist die maximale Menge gelöst. Diese Alaunlösung soll auf 20 °C abkühlen. Vermute, was dabei geschieht.

B4 In 100 ml Meerwasser sind etwa 3,5 Gramm Kochsalz gelöst. Berechne, wie viel Kochsalz man bei 20 °C noch zusätzlich lösen kann.

Material C ▸ Auch Gase lösen sich in Wasser

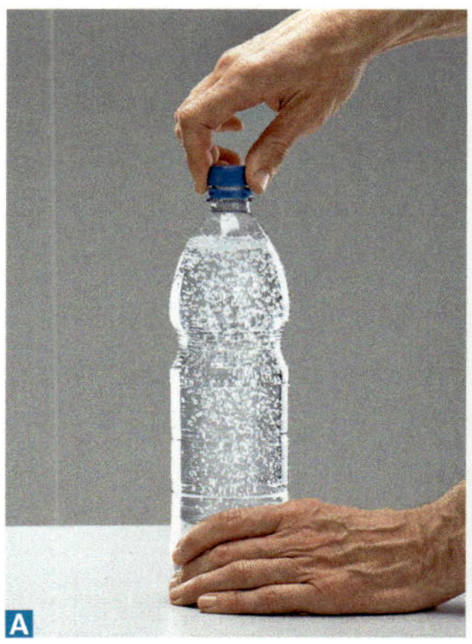
A

B

Gase können sich im Wasser lösen und auch wieder entweichen.

C1 Beschreibe den im ▸ Bild A abgebildeten Vorgang.

C2 Erkläre die Bedeutung des Sprudelsteins im ▸ Bild B.

C3 Stelle Vermutungen an, unter welchen Bedingungen sich Gase in Wasser gut lösen.

▸1 Salzgarten in Spanien

Stoffgemische trennen

In sogenannten Salzgärten gewinnt man aus Meerwasser Salz. Meerwasser ist ein Stoffgemisch, das vor allem aus Wasser und Salz besteht. Wie kann man aus Stoffgemischen wieder die einzelnen reinen Stoffe gewinnen?

VERDUNSTEN UND EINDAMPFEN · Wenn du im Meer gebadet hast und dich anschließend von der Sonne trocknen lässt, dann ist deine Haut mit einer feinen Salzschicht bedeckt. Wie konnte das geschehen? Die Sonne erwärmt deine Haut, dadurch verdunstet das Wasser und gelangt als Wasserdampf in die Luft. Das Salz verdunstet nicht, sondern bleibt auf der Haut zurück.

In den Salzgärten wird auf diese Weise Salz gewonnen (▸ Bild 1). Das Meerwasser wird dazu in flache Becken geleitet und durch die Sonnenstrahlung erwärmt. Dadurch verdunstet das Wasser und zum Schluss bleibt nur noch das Salz übrig. Diese Trennmethode heißt **Verdunsten.**

▸2 Eindampfen

Im Labor kann man das Verdunsten beschleunigen, wenn man Salzwasser in einer Abdampfschale erhitzt. Dabei verdampft das Lösungsmittel Wasser. Man nennt diese Trennmethode **Eindampfen** (▸ Bild 2).

Durch Verdunsten und Eindampfen kann man gelöste Salze zurückgewinnen.

ABSETZENLASSEN UND ABGIESSEN · Im Meerwasser befinden sich außer den gelösten Salzen auch nicht gelöste Stoffe wie feine Sandkörnchen und Lehmpartikel. Sie werden durch die Wasserbewegung ständig mit dem Wasser vermischt und lassen das Wasser trüb aussehen. Wenn du trübes Wasser in einem Gefäß einige Zeit ruhig stehen lässt, dann kannst du beobachten, dass sich diese feinen Stoffe langsam am Boden absetzen. Es bildet sich eine Schicht am Boden, die man **Bodensatz** nennt. Über dem Bodensatz ist das Wasser klarer. Durch vorsichtiges Abgießen kann man das Wasser vom Bodensatz trennen (▸ Bild 3).

SIEBEN UND FILTRIEREN · Eine raschere und bessere Trennung unlöslicher fester Stoffe aus einer Flüssigkeit ist durch **Sieben** und **Filtrieren** möglich. Dabei fängt man mit einem Sieb zuerst die groben Partikel ab. Die feinen Partikel werden durch Filterpapier zurückgehalten. Die Lösung, die durch die Siebmaschen und Filterporen fließt, nennt man Filtrat (▸ Bild 4 A).

Durch Absetzenlassen und Abgießen oder Sieben und Filtrieren kann man feste Stoffe von einer Flüssigkeit trennen.

EXTRAHIEREN · Bei der Zubereitung von Filterkaffee nutzt man das Filterpapier für ein weiteres Trennverfahren. Kaffeepulver ist ein Gemisch aus mehr als Tausend verschiedenen Feststoffen. Wenn man es im Filter mit heißem Wasser übergießt, dann lösen sich nur die wasserlöslichen Stoffe. Die entstandene Lösung, der Kaffee, tropft in die Kanne. Mit dieser Methode wurde nur ein Teil der Stoffe aus dem Kaffeepulver herausgelöst. Der Rest bleibt im Filter zurück. Man nennt dieses Verfahren **Extrahieren** (▸ Bild 4 B).

Durch Extrahieren kann man lösliche und unlösliche Stoffe voneinander trennen.

DESTILLIEREN · In Salzgärten verdunstet das Wasser in die Luft. Wenn man aber das Meerwasser entsalzen möchte, um Trinkwasser zu gewinnen, dann muss man das verdunstete Wasser wieder einfangen. Dies ist im Labor mit einem einfachen Modell einer Entsalzungsanlage möglich. Der beim Erhitzen des Salzwassers entweichende Wasserdampf kondensiert an einer schräg darüber befestigten Glasplatte und Wasser tropft in ein daneben gestelltes Gefäß. Dieses Trennverfahren heißt **Destillieren** (▸ Bild 5). Durch Destillieren mit einer Destillationsapparatur kann man auch zwei vermischte Flüssigkeiten, zum Beispiel Alkohol und Wasser, trennen. Dabei wird der zuerst verdampfende Alkohol durch einen Kühler geleitet, wo er wieder kondensiert und dann in ein Auffanggefäß tropft.

Durch Destillieren kann man Stoffe mit unterschiedlichen Siedetemperaturen trennen.

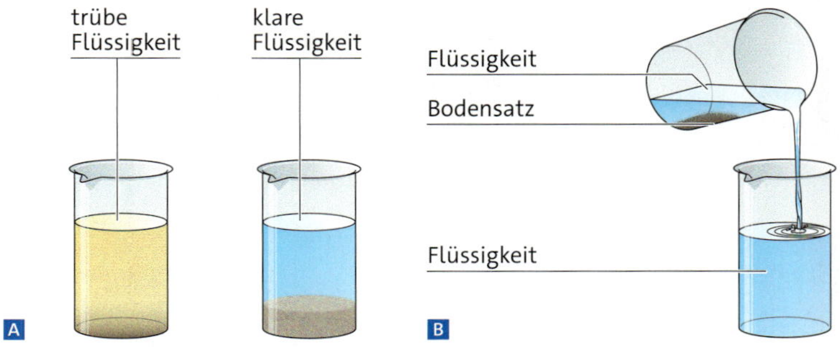

▸3 **A** Absetzenlassen, **B** Abgießen

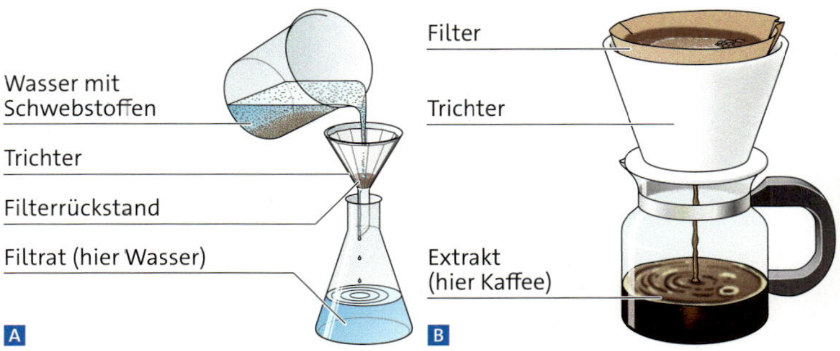

▸4 **A** Filtrieren, **B** Extrahieren

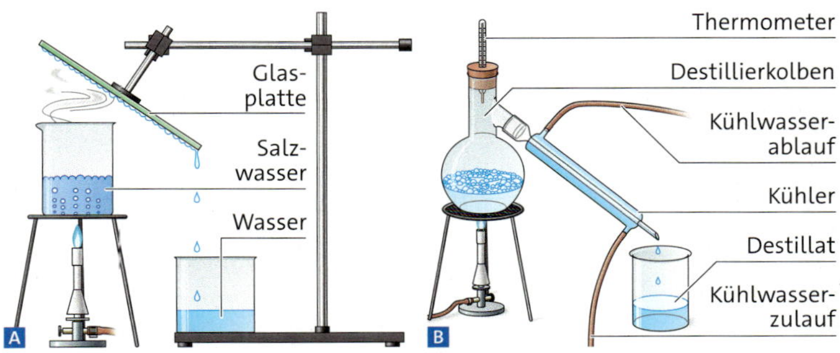

▸5 Destillieren: **A** Modell einer Entsalzungsanlage, **B** Destillationsapparatur

VERSUCHE ► Trennung von Stoffgemischen

In den folgenden Versuchen trennst du verschiedene Stoffgemische.

V1 Wie kann man aus Steinsalz Kochsalz gewinnen?

►1 **A** Abbau von Steinsalz im Bergwerk, **B** Steinsalzbrocken

In Deutschland wird in Bergwerken Steinsalz abgebaut (► Bild 1 A). Steinsalz ist ein natürliches Gemisch aus Gestein und Kochsalz. Wie kann man daraus reines Kochsalz gewinnen?

Material:

Mörser, Becherglas, Glasstab, Rundfilter, Trichter, Erlenmeyerkolben, Abdampfschale, Heizplatte, Wasser, Steinsalz

Arbeitsauftrag:

Wenn du aus Steinsalz reines Kochsalz erhalten möchtest, dann musst du die folgenden Arbeitsschritte in der richtigen Reihenfolge durchführen: Filtrieren, Zerkleinern, Eindampfen, Lösen.

a) Überlege zuerst in welcher Reihenfolge die genannten Arbeitsschritte erfolgen müssen.

b) Schreibe dir selbst eine Anleitung zur Versuchsdurchführung und der Verwendung der angegebenen Materialien.

c) Bespreche deine Anleitung mit der Lehrkraft.

d) Führe den Versuch durch. Notiere deine Beobachtungen.

V2 Wie viele Farben enthält ein Filzstift?

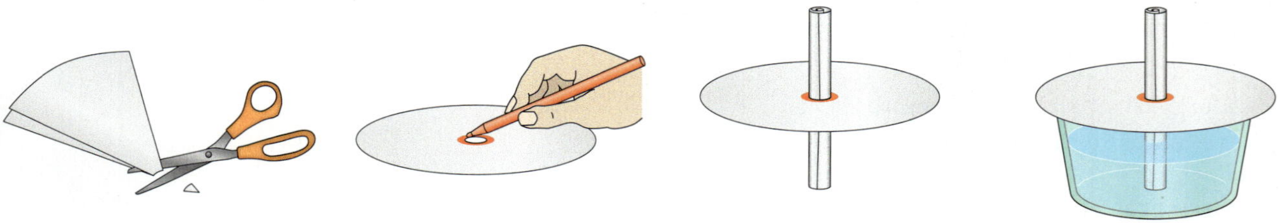

►2 Arbeitsschritte bei der Papierchromatografie

Filzstiftfarben sind meistens ein Gemisch aus mehreren Farben. Mithilfe von Filterpapier und Wasser findest du heraus, wie viele und welche Farben vermischt sind. Dieses Verfahren heißt Chromatografie.

Material:

Petrischale, rundes Filterpapier mit einem größeren Durchmesser als die Petrischale, Schere, Wasser, verschiedene Filzstifte mit wasserlöslichen Farben

Arbeitsauftrag:

a) Falte ein Filterpapier zu einem Viertel und schneide ein kleines Stück der Spitze ab.

b) Male mit einem Filzstift einen Ring von etwa 1 cm Durchmesser um das Loch. Rolle einen Filterpapierstreifen zu einem Docht und stecke ihn durch das Loch.

c) Lege das Filterpapier auf die zur Hälfte mit Wasser gefüllte Petrischale, sodass nur der Docht ins Wasser taucht.

d) Lasse den Aufbau einige Minuten stehen. Notiere deine Beobachtungen.

e) Wiederhole den Versuch mit anderen Filzstiften.

Material A ▸ Trennung von Stoffgemischen

▸3 **A** Spaghetti abgießen, **B** Staubsaugen, **C** Saftflasche mit Bodensatz, **D** Teeglas mit Teebeutel

A1 Beschreibe die vier Abbildungen und benenne das jeweilige Trennverfahren.

A2 Erkläre, aufgrund welcher Eigenschaften der getrennten Stoffe die jeweilige Trennung möglich ist.

A3 Beschreibe weitere Beispiele von Trennverfahren im Haushalt.

Material B ▸ Untersuchung des Blattfarbstoffs von Spinat

▸4 Unteres Stück der Kreide

▸ Bild 4 zeigt das Ergebnis des folgenden Versuchs: In einem Mörser wurden Spinatblätter zerrieben. Zu dem Brei wurde Alkohol gegeben. Die entstandene grüne Lösung wurde in ein Becherglas gegossen. In diese Lösung wurde dann ein Stück weiße Kreide so eingetaucht, dass es gerade die Lösung berührte. Nach einigen Minuten sah die Kreide wie im ▸ Bild 4 aus.

B1 Beschreibe das Ergebnis dieses Versuchs.

B2 Nenne Gemeinsamkeiten und Unterschiede dieses Versuchs mit dem bei V2 beschriebenen Versuch.

B3 Erkläre, welche Bedeutung der Alkohol und die Kreide bei diesem Trennverfahren haben.

Material C ▸ Wie funktioniert ein Ölabscheider?

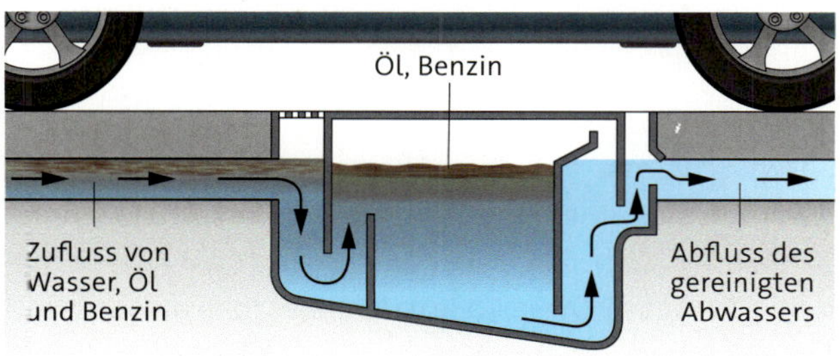

▸5 Prinzip eines Ölabscheiders

Das Abwasser aus Autowaschanlagen kann Öl und Benzin enthalten. Es muss deshalb durch einen sogenannten Ölabscheider geleitet werden.

C1 Beschreibe die Arbeitsweise eines Ölabscheiders mithilfe von ▸ Bild 5.

C2 Erkläre, aufgrund welcher Stoffeigenschaft die Abtrennung von Öl und Benzin möglich ist.

BLICKPUNKT–TECHNIK

Wasser reinigen

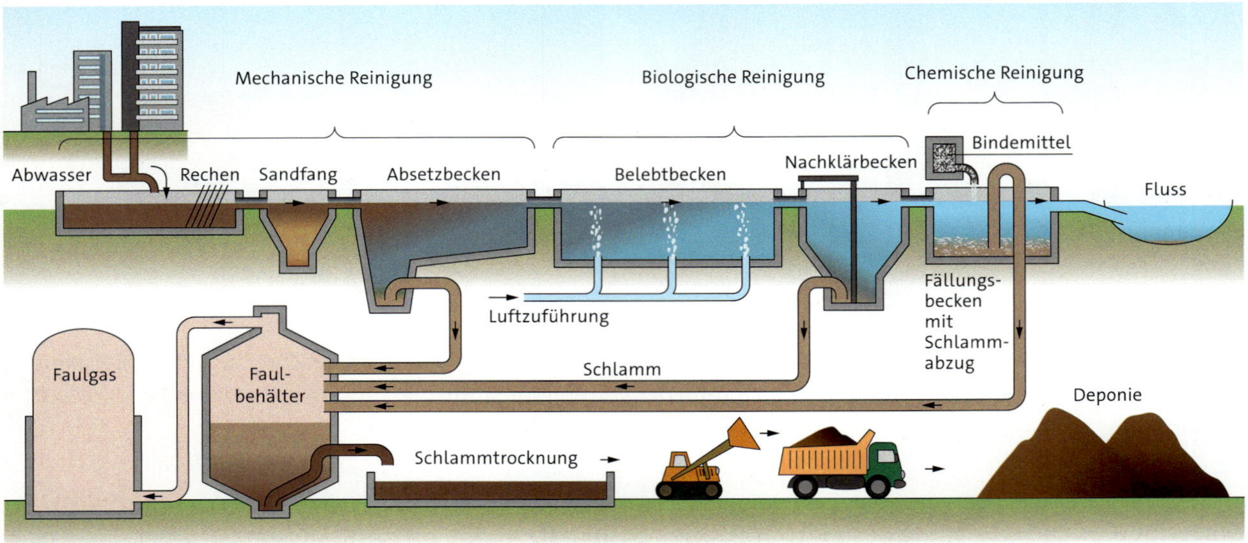

►1 Kläranlage mit drei Reinigungsstufen

Abwasser · Das Wasser, das man im Haushalt zum Waschen, Geschirr spülen oder als Toilettenspülung verwendet, und das in der Industrie verwendete Wasser nimmt zahlreiche Stoffe auf. Manche lösen sich, andere werden nur im Wasser transportiert. Dieses Abwasser gelangt zunächst in die Kanalisation. Es darf aber erst nach seiner Reinigung in ein natürliches Gewässer geleitet werden, weil die darin enthaltenen Stoffe die dort lebenden Pflanzen und Tiere stark schädigen würden.

Abwasserreinigung · Die Reinigung des Abwassers erfolgt in einer Kläranlage in drei Stufen (► Bild 1):

In Stufe 1, der **mechanischen Reinigung,** befreit man das Abwasser von den meisten ungelösten Stoffen. Am Zulauf hält ein großer Rechen grobe Teile wie Holzstücke zurück. Im sich anschließenden Sandfangbecken setzen sich Sand und Kies am Boden ab. Aus dem oberen Teil des Beckens wird das Abwasser in ein großes, tiefes Absetzbecken geleitet. Hier setzen sich zum Beispiel feine Lehmpartikel als Klärschlamm ab.

In Stufe 2, der **biologischen Reinigung,** beseitigt man sehr feine ungelöste und viele gelöste Stoffe. Im Belebtbecken nehmen unzählige Kleinstlebewesen, vor allem Bakterien, diese Stoffe als Nahrung auf. Da sie für ihre Zersetzung Sauerstoff benötigen, bläst man Luft ins Becken. Die Bakterien vermehren sich sehr rasch. Im Nachklärbecken setzen sie sich am Boden als sogenannter Belebtschlamm ab.

In Stufe 3, der **chemischen Reinigung,** werden einige für die Umwelt schädliche, gelöste Stoffe wie Nitrat und Phosphat durch Zugabe eines Bindemittels gebunden. Sie sind dann nicht mehr gelöst, sondern bilden Flocken. Diese setzen sich am Boden ab und können abgesaugt werden.

Den Schlamm aus dem Absetz- und Nachklärbecken pumpt man in einen Faulbehälter. Dort zersetzen ihn Bakterien zum Teil. Dabei entstehen stinkende, brennbare Faulgase. Diese Gase verwendet man als Treibstoff für Motoren und zum Heizen.

Bau einer Minikläranlage

Mit wenigen einfachen Mitteln kannst du eine Kläranlage selber bauen.

Material:
Drei gleiche, große Plastikbecher (zum Beispiel Joghurtbecher), spitzer Nagel, grober Kies, feiner Kies, Sand, Filterpapier, Teelöffel, Aktivkohle oder zerkleinerte Kohletabletten, Trichter, Erlenmeyerkolben, Stativ mit Stativring, Becherglas, Rührstab, Lehm, Gartenerde, Tinte

Arbeitsauftrag:

a) Stich mit dem Nagel kleine Löcher in die Böden der Plastikbecher.

b) Fülle in Becher 1 eine etwa 4 cm hohe Schicht groben Kies, in Becher 2 feinen Kies und in Becher 3 Sand.

c) Setze den Trichter auf den Erlenmeyerkolben, lege ein Filterpapier ein und gib etwa 2 Teelöffel Aktivkohle in den Filter.

d) Staple die 3 Becher in der im ▸ Bild 2 angegebenen Reihenfolge darüber und stabilisiere den Stapel mit dem Stativ und dem Stativring.

Deine Minikläranlage ist nun einsatzbereit. Um sie zu testen, musst du zuerst noch Schmutzwasser herstellen.

e) Gib dazu in ein Becherglas mit Leitungswasser etwas Gartenerde, Lehm und Tinte und verrühre das Gemisch mit dem Rührstab.

f) Teste deine Minikläranlage, indem du das Schmutzwasser langsam in den obersten Becher leerst.

g) Beschreibe deine Beobachtungen.

1 Begründe, weshalb man die Becher der Minikläranlage und die Aktivkohle in der angegebenen Reihenfolge anordnen soll.

2 Die links beschriebene Kläranlage und die selbstgebaute Kläranlage unterscheiden sich natürlich. Benenne Gemeinsamkeiten und Unterschiede der beiden Kläranlagen.

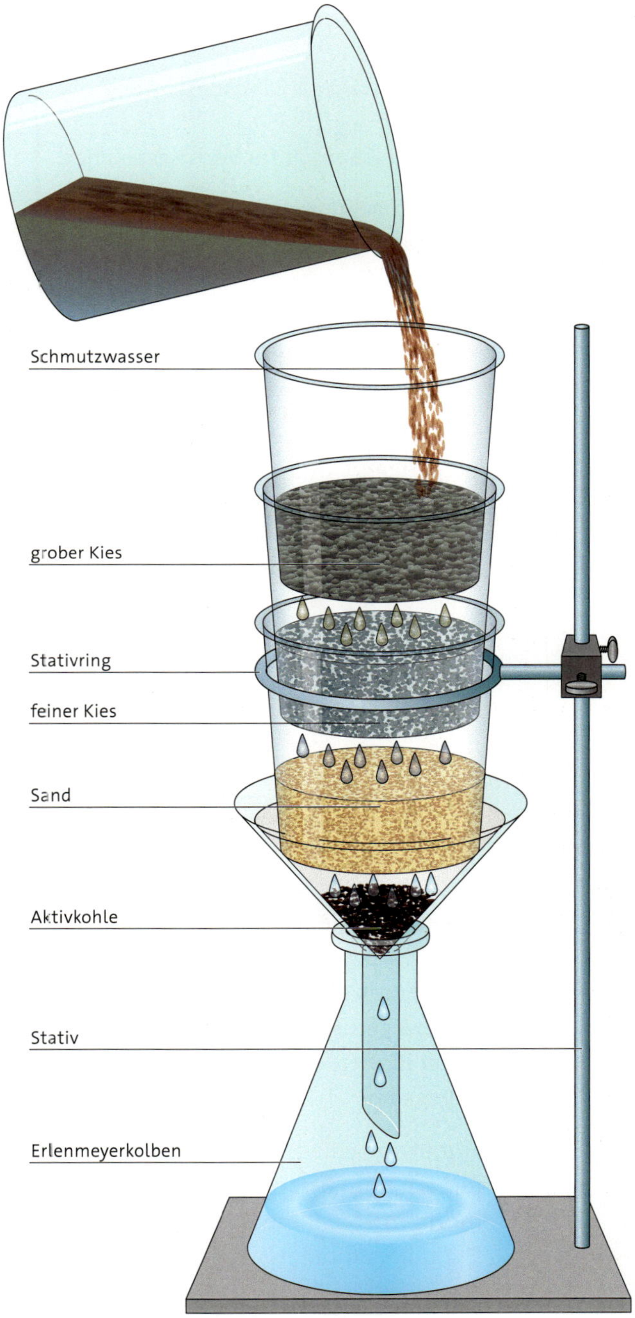

▸2 Selbstgebaute Minikläranlage

Was sich mit der Temperatur ändert

Wasser ist lebenswichtig:
- Wasser ist Lebensraum und Lebensmittel.
- Wasser wird als Transportmittel genutzt.
- Wasser ist ein guter Wärmespeicher.

Wasser kommt in verschiedenen **Aggregatzuständen** vor:
- **fest** als Wassereis,
- **flüssig** als flüssiges Wasser oder
- **gasförmig** als Wasserdampf; Wasserdampf ist unsichtbar.

Zwischen den Aggregatzuständen gibt es Übergänge:

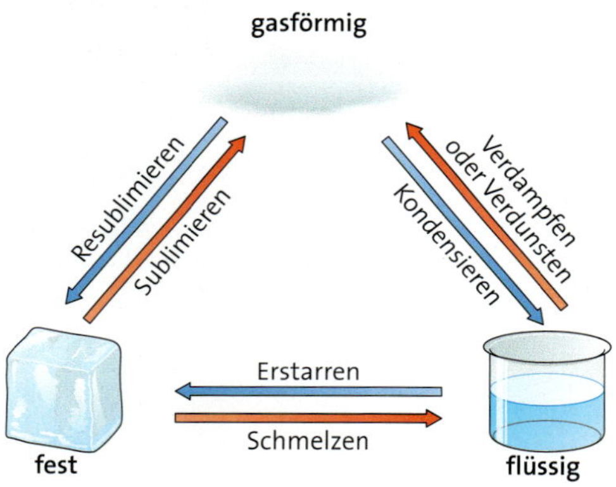

Temperatur: Sie gibt an, wie warm ein Körper ist.
Temperaturen werden mit **Thermometern** gemessen. Die Temperatur wird in der Einheit ein **Grad Celsius** (1 °C) angegeben.

Es gibt verschiedene Arten von Thermometern, zum Beispiel: Flüssigkeitsthermometer, Bimetall-Thermometer, Digitalthermometer.

Die **Schmelztemperatur** von Wasser beträgt 0 °C. Die **Siedetemperatur** von Wasser beträgt 100 °C.

Volumenänderung: Wenn Körper ihre Temperatur ändern, dann ändert sich auch ihr Volumen. Die meisten Flüssigkeiten und Festkörper dehnen sich bei Temperaturerhöhung aus. Wie stark das Volumen zunimmt, hängt von der Art der Flüssigkeit bzw. des Festkörpers ab.

Alle Gase dehnen sich bei Erwärmung nahezu gleich aus. Die Volumenzunahme von Gasen ist dabei größer als die Zunahme des Volumens von Flüssigkeiten oder Festkörpern.

Das Volumen nimmt beim Erwärmen umso mehr zu
- je größer die Temperaturänderung ist,
- je größer das Anfangsvolumen ist.

Beim Verdampfen nimmt das Volumen stark zu. Beim Schmelzen ändert es sich kaum.

Wenn man Wasser abkühlt, dann dehnt es sich zwischen 4 °C und 0 °C ein wenig aus. Wenn es zu Eis wird, dann steigt sein Volumen nochmals an.

Körper und Stoffe

Masse: Jeder Körper hat eine Masse. Sie gibt an, wie schwer der Körper ist. Die Einheit der Masse ist ein **Kilogramm** (kurz: 1 kg).

Volumen: Jeder Körper hat ein Volumen. Es gibt an, wie viel Raum er einnimmt. Die Einheit des Volumens ist ein **Kubikmeter** (kurz: 1 m^3).

Dichte: Die Dichte ist eine Stoffeigenschaft. Um die Dichte zu bestimmen, teilt man die Masse eines Körpers durch sein Volumen.

Wenn die Dichte eines Stoffes kleiner als die von Wasser ist, dann schwimmt ein Körper aus diesem Stoff. Wenn die Dichte eines Stoffes größer als die von Wasser ist, dann sinkt ein Körper aus diesem Stoff.

Manche Fische haben eine Schwimmblase. Mit ihrer Hilfe können Fische ihre Dichte so einstellen, dass sie im Wasser schweben.

Was ist im Wasser enthalten?

Lösungsmittel: So nennt man Flüssigkeiten, die Stoffe lösen. Wasser ist das bedeutendste Lösungsmittel.

Mineralwasser: So nennt man Wasser, das durch viele Gesteinsschichten fließt und dabei Mineralstoffe aufnimmt.

Süßwasser: So bezeichnet man Wasser, in dem weniger als ein Gramm Mineralstoffe pro Liter gelöst sind.

Salzwasser: So bezeichnet man Wasser mit einem höheren Gehalt an Mineralstoffen.

Trennverfahren für Stoffgemische:
- Durch **Verdunsten** und **Eindampfen** kann man in Wasser gelöste Salze zurückgewinnen.
- Durch **Absetzenlassen** und **Abgießen** oder **Sieben** und **Filtrieren** kann man feste Stoffe von einer Flüssigkeit trennen.
- Durch **Extrahieren** kann man lösliche und unlösliche Stoffe voneinander trennen.
- Durch **Destillieren** kann man Stoffe mit unterschiedlichen Siedetemperaturen trennen.

Überprüfe dich selbst:

Kann ich ...

... an einem Beispiel beschreiben, wie man in den Naturwissenschaften forscht? (S. 6)

... die Bedeutung des Wassers für alle Lebewesen erklären? (S. 10)

... die Aggregatzustände und die Übergänge zwischen ihnen beschreiben? (S. 12)

... die Volumenänderung beim Erwärmen und Abkühlen beschreiben? (S. 20)

... das Erhitzen von Wasser untersuchen und die Siedetemperatur von Wasser bestimmen? (S. 25)

... Phänomene und Versuche beobachten, beschreiben und dokumentieren? (S. 14)

... den Unterschied zwischen Wärmeempfinden und Temperatur erläutern? (S. 16)

... Temperaturen messen und erläutern, wie man dabei vorgeht? (S. 18)

... Messwerte in Tabellen und Diagrammen darstellen und erläutern wie man dabei vorgeht? (S. 24)

... Masse und Volumen von Körpern ermitteln? (S. 26)

... Schwimmen, Schweben und Sinken mit der Dichte erklären? (S. 30, 34)

... das Schweben bei Fischen mit einem Modell-U-Boot vergleichen? (S. 34)

... Wasser als Lösungsmittel untersuchen? (S. 36)

... Experimente zum Trennen von Gemischen planen, durchführen und beschreiben? (S. 44)

... das Trennen von Gemischen beim Wasserreinigen erklären? (S. 46)

Materialien trennen – Umwelt schützen

In diesem Kapitel beschäftigst du dich mit

- der Trennung von Materialien, die miteinander vermischt sind. Dazu lernst du verschiedene Eigenschaften von Stoffen kennen. Du erfährst, dass man diese Eigenschaften auch nutzen kann, um ein technisches Produkt herzustellen.
- der Wiederverwertung – dem Recycling – von Stoffen. Du erfährst, wie in der Natur Stoffe wiederverwertet werden. Darüber hinaus lernst du einige technische Recycling-Vorgänge kennen.

►1 Bei der Goldwäsche

Wie kann man Materialien trennen?

Wer möchte nicht einmal selbst echtes Gold finden? Das Gold steckt in Form von kleinsten Körnchen im Sand der Flüsse. Goldwaschen ist eine uralte Methode, um die Goldkörnchen vom Sand und Kies zu trennen. Wie funktioniert das eigentlich?

SIEBEN · Der Untergrund von Flüssen besteht oft aus einer Mischung aus Sand und Kies. Bevor man daraus Gold waschen kann, muss man zuerst den Sand vom Kies trennen. Dazu siebt man die Sand-Kies-Mischung. Dabei fallen die kleinen Sandkörner durch das Sieb, während die großen Kiessteine im Sieb hängenbleiben. Die Materialien werden also nach der Größe der Bestandteile getrennt.

►2 Das Gold hat sich am Boden der Schüssel angesammelt.

GOLDWÄSCHE · Nun wird der Sand in eine sogenannte Goldwaschschüssel gegeben. Die Schüssel wird unter Wasser kräftig geschüttelt, sodass das schwere Gold zum Boden der Schüssel sinkt. Anschließend wird die Schüssel immer noch unter Wasser kreisförmig bewegt. Dabei wird der leichtere Sand vom Wasser weggeschwemmt. Zum Schluss werden die Goldkörnchen aus dem restlichen Sand herausgeholt (► Bild 2).

SCHLÄMMEN · Beim Goldwaschen nutzt man aus, dass Gold schwerer als Sand ist. Genau genommen meint „schwerer“ hier, dass die Dichte von Gold größer als die Dichte von Sand ist. Man kann durch Wegschwemmen mit Wasser auch andere Materialien unterschiedlicher Dichte trennen. Allgemein heißt diese Technik Schlämmen.

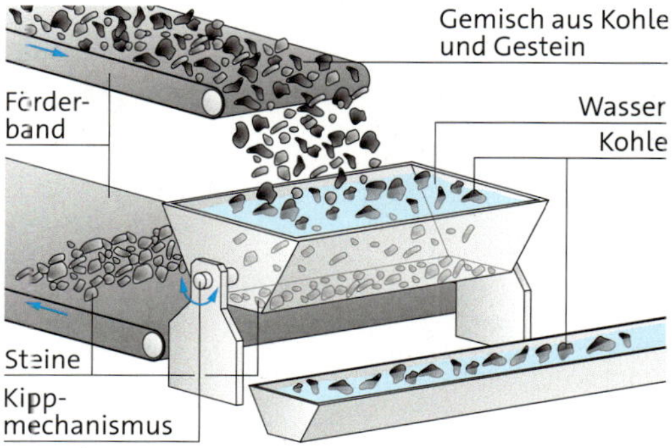

▸3 So funktioniert die Kohlewäsche im Prinzip.

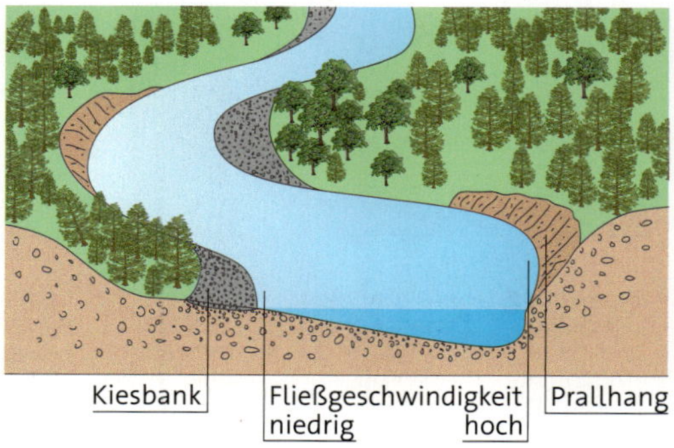

▸4 Kiesbänke sind mögliche Goldfundstellen.

▸5 Entmischung bei einer Müslipackung

KOHLEWÄSCHE · Ein ähnliches Verfahren wird bei der Kohlegewinnung angewandt. Beim Abbau von Kohle erhält man Brocken, die aus Kohle und Gestein bestehen. Zur Weiterverarbeitung werden die Brocken zuerst mechanisch zerkleinert. Dann wird das Kohle-Gestein-Gemisch in ein Wasserbecken gegeben (▸ Bild 3). Während die leichte Kohle auf dem Wasser schwimmt, sinkt das schwere Gestein auf den Boden des Beckens.

SCHWIMMTRENNUNG · Bei der Kohlewäsche nutzt man aus, dass Kohle eine kleinere Dichte und Gestein eine größere Dichte als Wasser hat. Man nennt das Verfahren Schwimmtrennung. Auch bei der Schwimmtrennung werden die Materialien nach der Dichte getrennt.
Allgemein gilt: **Trennverfahren** nutzen unterschiedliche Eigenschaften von Materialien aus.

Beim Sieben, Schlämmen oder bei der Schwimmtrennung werden Materialien auf mechanische Weise getrennt. Dabei wird ausgenutzt, dass die Gemische aus Bestandteilen unterschiedlicher Größe oder unterschiedlicher Dichte bestehen.

MISCHEN UND ENTMISCHEN IN DER NATUR · Wenn ein Fluss viel Wasser führt, dann transportiert er Sand, Kies und auch die Goldkörner. Dadurch werden all die Materialien gemischt. Beim Ablagern aber werden die Materialien nicht gleichmäßig verteilt. Da Gold eine große Dichte hat, setzt es sich bald ab, und zwar besonders da, wo das Wasser langsam fließt. Deswegen findet man das Gold am ehesten in den Kiesbänken der Flussbiegungen (▸ Bild 4). Der Fluss selbst sorgt also für eine teilweise Entmischung des Gold-Sand-Gemischs.

Auf den ersten Blick erscheint es unnatürlich, dass sich Materialien von selbst entmischen. Tatsächlich tritt ein solcher Effekt häufiger auf. Bestimmt hast du schon einmal bemerkt, dass bei einer Müslipackung die Nüsse eher oben und die Rosinen eher unten sind. Allerdings geschieht die Entmischung nicht ganz von selbst: Beim Transport wird die Müslipackung ständig gerüttelt und geschüttelt. Dabei rutschen die kleinen und schweren Teile nach unten, während die großen und leichten Teile sich oben ansammeln (▸ Bild 5).

1 Gib an, mit welchem Verfahren die folgenden Mischungen getrennt werden können. Erkläre jeweils:
a) Bohnen und Reis,
b) Sand und Torf,
c) Gartenerde und Silber.

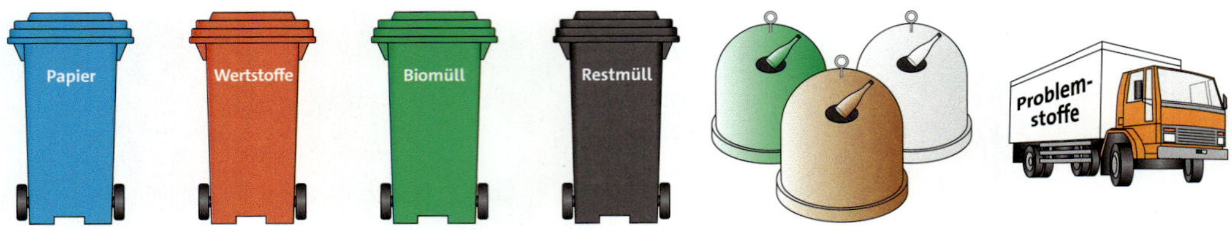

Papier, Pappe, Karton, Zeitungen, Hefte, Bücher usw.	Verpackungen, Dosen, Korken, Alufolie, Styropor usw.	Speisereste, Obst- und Gemüseabfälle, Kaffeefilter usw.	Hygieneartikel, Windeln, Staubsaugerbeutel, stark Verschmutztes, Medikamente usw.	Glas, Glasflaschen nach Farben getrennt, kein Porzellan usw.	Batterien, Akkus, LED-Lampen, Energiesparlampen, Farben, Lacke, Pflanzenschutzmittel usw.

►1 Müll wird getrennt gesammelt.

AB IN DIE TONNE · Pro Jahr wirft jeder Einwohner Deutschlands im Durchschnitt etwa 450 kg Abfall in die Tonne. Genauer gesagt, sollte der Abfall in unterschiedlichen Tonnen landen. Denn der Abfall wird heute nicht mehr einfach weggeworfen, sondern nach Möglichkeit wiederverwertet. Damit das möglichst gut funktioniert, muss der Abfall getrennt werden. Weißt du, wohin du welche Art von Abfall korrekt entsorgst?

ABFALLTRENNUNG · Meistens wird der Abfall in die folgenden Abfallarten getrennt: Papier und Pappe, Wertstoffmüll, Biomüll, Restmüll, Glas und Problemmüll. Für jede Abfallart gibt es eine bestimmte Tonne oder einen Sammelbehälter oder eine sonstige Möglichkeit der Entsorgung (► Bild 1). In vielen Städten und Gemeinden gibt es zusätzlich Wertstoff- oder Recyclinghöfe zum Sammeln von wiederverwertbarem Abfall.

WIEDERVERWERTUNG · Unser Abfall enthält wertvolle Materialien wie Papier, Eisen, Aluminium, verschiedene Kunststoffe, Holz usw. Zur Herstellung dieser Materialien wurden Rohstoffe und Energie benötigt. Es ist daher sinnvoll, möglichst viele dieser Materialien wiederzuverwerten, um daraus neue Produkte herzustellen. Aus Altpapier wird zum Beispiel Zeitungspapier hergestellt. Aus Altglas werden neue Flaschen gemacht. Auch das Eisen von Dosen und das Aluminium von Verpackungen werden wiederverwertet. Die Wiederverwertung von Kunststoffen ist schwieriger. Erstens dürfen aus hygienischen Gründen daraus keine Lebensmittelverpackungen hergestellt werden. Zweitens können die verschiedenen Sorten von Kunststoffen nur getrennt wiederverwertet werden.

ABFALLENTSORGUNG · Damit die Materialien aus dem Abfall wieder verwendet werden können, müssen sie getrennt vorliegen. Wenn sie nicht schon getrennt gesammelt werden, wie bei Glas und Altpapier, müssen sie in ihre Bestandteile getrennt werden. Dies erfolgt in Abfall- oder **Müllsortieranlagen** (► Bild 3). Bei den meisten Anlagen wird der Abfall zum Teil von Arbeitern und zum Teil von Maschinen sortiert. Menschen können anhand des Aussehens bestimmte Materialien **aussortieren.** Maschinen sortieren die Materialien aufgrund bestimmter Eigenschaften. Eisen ist zum Beispiel magnetisch und kann von einem Magneten aussortiert werden. Aluminium und Kunststoffe können anhand ihrer unterschiedlichen Dichte getrennt werden. Dazu eignet sich ein sogenannter **Windsichter** (► Bild 2). Ein Gebläse erzeugt Wind, der die leichteren Kunststoffe vom schwereren Aluminium trennt. – Aber auch die modernste Anlage kann nicht alle Materialien vollständig trennen.

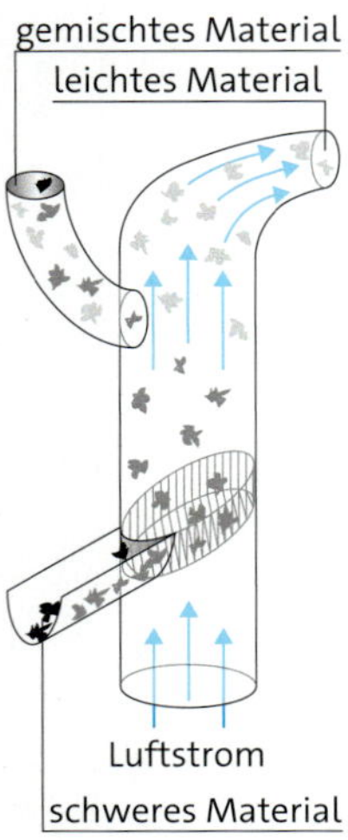

►2 Prinzip eines Windsichters

▸3 Besuch in einer Müllsortieranlage

1 Erkundige dich, wie die Abfallentsorgung in deiner Gemeinde erfolgt. In welche Abfallarten wird getrennt? Welche Tonnen und Sammelbehälter gibt es dazu?

2 Sammle für einen Tag den durch dich verursachten Abfall. Finde heraus, aus welchen Materialien der Abfall besteht. Gib an, wie du den Abfall korrekt entsorgst. Lege dazu eine Tabelle an.

3 Beschreibe die Funktionsweise einer Müllsortieranlage. Welche Vorteile hat eine solche Anlage? Gibt es auch Nachteile? Erläutere.

4 Bei einem Joghurtbecher soll man den Deckel vom Becher trennen. Ebenso soll man keine Konservendosendeckel in eine Chipstüte stecken. Erkläre.
Finde weitere solche Beispiele.

BLICKPUNKT

Abfallvermeidung

▸1 Sieben Tipps zur Abfallvermeidung

Verwertung ist gut – Vermeidung ist besser · Warum ist das so?
Erstens können nicht alle Wertstoffe aus dem Abfall vollständig voneinander getrennt und verwertet werden. Besonders die Kunststoffverpackungen werden nur zu einem kleinen Anteil verwertet.
Zweitens können oder dürfen aus den Stoffen des Abfalls oft nur minderwertige Dinge hergestellt werden. Aus den Lebensmittelverpackungen werden zum Beispiel Blumentöpfe gemacht.
Drittens benötigen der Transport, das Sortieren und die Wiederverwertung des Abfalls Energie, Wasser und andere Rohstoffe.

Wie kannst du zur Abfallvermeidung beitragen? · Du kannst damit schon beim Einkaufen anfangen. Viele Lebensmittel gibt es in offener Form, zum Beispiel Obst, Gemüse, Käse und Wurst. Sie benötigen keine oder viel weniger Verpackung als die fertig verpackten Lebensmittel. Getränke, Milch, Joghurt usw. kannst du in Mehrwegflaschen kaufen. Mehrwegflaschen werden nach der Rückgabe gereinigt und wieder befüllt. Einwegflaschen werden nur einmal verwendet. Portionspackungen machen mehr Abfall als normale Packungen. Und statt der Plastiktüte nimmst du besser eine wiederverwendbare Tasche.
Ein bedeutender Teil unseres Mülls entsteht durch weggeworfene Kleidung, Geräte, Möbel usw. Wenn du beim Einkaufen darüber nachdenkst, was du wirklich brauchst, dann kannst du nicht nur Geld sparen, sondern hilfst auch, Abfall zu verringern.
Da der Elektronikmüll besonders problematisch ist, ist die Abfallvermeidung hier sehr wichtig. Smartphone, Tablet und Computer werden oft durch ein neues Gerät ersetzt, obwohl das alte noch funktioniert. Indem du weniger oft ein neues Gerät kaufst, kannst du Problemabfall verringern. Kaputte Geräte können oft repariert werden. Die Reparatur ist meistens billiger als ein Neukauf und vermeidet Problemabfall.
Ausgediente Gebrauchsgegenstände müssen nicht sofort auf den Müll. Wenn sie noch verwendbar sind, dann kannst du sie auf einem Flohmarkt oder im Second-Hand-Laden verkaufen.

1 Beschreibe weitere Möglichkeiten zur Abfallvermeidung.

VERSUCHE ▸ Materialien trennen

Du untersuchst, wie du Verpackungsmaterial trennen kannst.

V1 Schwimmtrennung

Material:

Kräftige Schere, Trinkglas, Salz, drei verschiedene Verpackungsmaterialien (zum Beispiel Joghurtbecher, Deckel dazu, durchsichtige Kunststoffschale für Obst)

Arbeitsauftrag:

a) Zerschneide die Verpackungsmaterialien in etwa 1 cm bis 2 cm große Stücke.

b) Gib die Materialien in das Glas. Gieße Wasser in das Glas. Beobachte, welche Materialien schwimmen und welche sinken. Notiere, was du daraus über die Dichte der Materialien folgern kannst.

c) Gib einen Löffel Salz in das Glas und rühre kräftig um. Die Dichte des Wassers nimmt dadurch zu. Beobachte die Materialien. Rühre langsam immer mehr Salz in das Wasser. Gelingt es dir, nach und nach alle Materialien voneinander zu trennen?

d) Ordne die Materialien nach zunehmender Dichte.

e) Bestimme, aus welchen Stoffen die Verpackungsmaterialien bestehen. Verwende dazu die ▸ Tabelle 2 A. Auf manchen Verpackungen findest du den Recycling-Code der Kunststoffsorte (▸ Bild 2 B). Vergleiche.

A

Stoff	Dichte in $\frac{g}{cm^3}$
Wasser	1,0
Salzwasser	bis 1,18
Polypropylen (PP)	ca. 0,91
Polyethylen (PE-LD)	ca. 0,92
Polyethylen (PE-HD)	ca. 0,95
Polystyrol (PS)	1,04
Aluminium	2,7

B

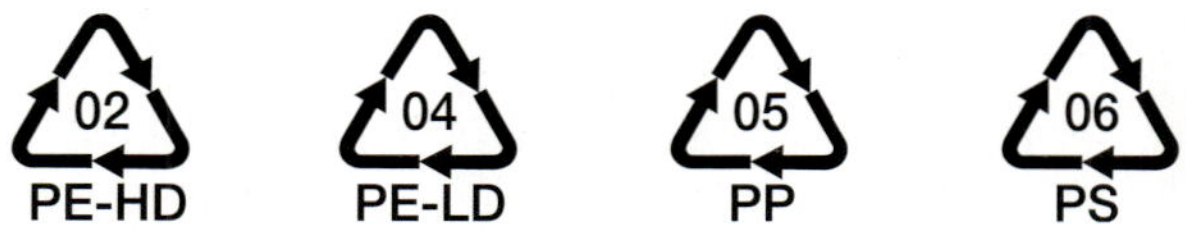

▸ **2 A** Dichteangaben zu verschiedenen Stoffen, **B** Recycling-Codes für einige Kunststoffsorten

Material A ▸ Mehrweg- und Einwegflaschen

Mehrwegflaschen bestehen aus Glas oder aus dem Kunststoff PET. Beim Getränkehersteller werden die Flaschen gereinigt und wieder befüllt, Glasflaschen bis zu 50-mal, PET-Flaschen bis zu 20-mal. Einwegflaschen aus Glas werden in Glascontainern gesammelt. Das Altglas wird geschmolzen und zu neuen Flaschen gegossen. Einwegflaschen aus PET werden über die Verkaufsstellen gesammelt, eingeschmolzen und teilweise wieder zu Flaschen verarbeitet. Das Einschmelzen benötigt viel Energie. Aber auch zum Reinigen der Mehrwegflaschen wird Energie benötigt, jedoch deutlich weniger.

A1 a) Mehrweg- und Einwegflaschen unterscheiden sich grundlegend. Beschreibe den Unterschied.

b) Gib Vor- und Nachteile von Mehrweg- und Einwegflaschen an.

c) Erkläre, warum auf Einwegflaschen aus PET ebenfalls Pfand erhoben wird.

Material B ▸ Materialien und Gegenstände

Materialien sind zum Beispiel Eisen oder Kunststoff. Gegenstände bestehen oft aus mehreren Materialien.

B1 Gib an, aus welchen Materialien folgende Gegenstände bestehen: Schere, Trinkglas, Bleistift, Joghurtbecher, Büroklammer.

B2 Materialien haben Eigenschaften. Ordne den Materialien der Tabelle alle zutreffenden Eigenschaften zu.

Materialien	Eigenschaften
Eisen, Glas, Kunststoff, Aluminium	durchsichtig, magnetisch, formbar, hart, große/kleine Dichte

B3 Statt Material sagt man manchmal auch Stoff. Bestimmte Stoffe werden zu einer Stoffgruppe mit ähnlichen Eigenschaften zusammengefasst. Zum Beispiel gehören Eisen und Aluminium zu den Metallen.

a) Nenne weitere Beispiele für Metalle.

b) Nenne drei verschiedene Kunststoffe.

►1 Auf der Mülldeponie

Materialien trennen mit Magneten

Der Junge auf der Müllkippe sucht mit seinem Magneten Gegenstände aus dem Müll, die er wieder verwerten kann. Welche Gegenstände kann der Junge mit dem Magneten aussortieren?

MAGNETE WIRKEN ANZIEHEND · Du kannst leicht herausfinden, welche Gegenstände von einem Magneten angezogen werden und welche nicht. Dafür benötigst du nur einen Magneten. Wenn du den Magneten nacheinander an verschiedene Gegenstände hältst, dann stellst du fest: Der Magnet zieht Nägel und Scheren aus Eisen an, aber die Kette aus Silber oder das Teelicht aus Aluminium werden nicht angezogen. Magnete ziehen die meisten Metalle nicht an. Aber insbesondere Gegenstände, die Eisen enthalten, werden vom Magneten angezogen. Solche Gegenstände bezeichnet man als **ferromagnetisch**. Gegenstände aus Plastik, Glas, Holz und Papier werden vom Magneten auch nicht angezogen. Der Junge kann also mit seinem Magneten ferromagnetische Gegenstände aussortieren, wie Nägel, Schrauben oder Konservendosen. Aluminiumdosen findet er damit aber nicht.

Magnete wirken auf Gegenstände, die Eisen enthalten. Gegenstände, die Eisen enthalten, nennt man ferromagnetisch.

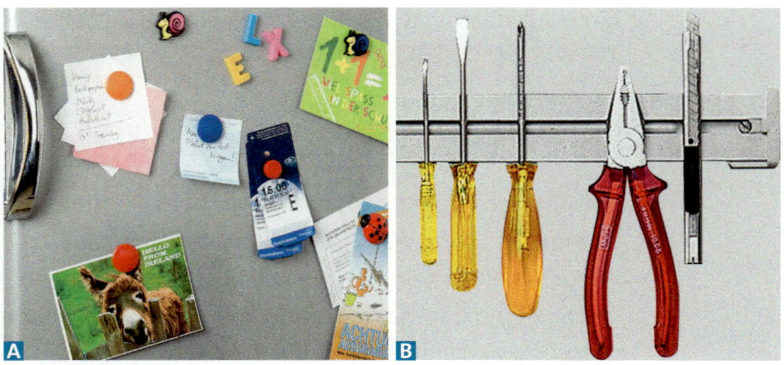

►2 **A** Magnete an der Kühlschranktür und **B** in der Werkstatt

Im Alltag werden Magnete vielseitig genutzt. Man kann mit einem Magneten Zettel an der Kühlschranktür befestigen (► Bild 2 A). In der Küche oder Werkstatt lassen sich Messer oder Werkzeuge wie im ► Bild 2 B übersichtlich an Magnetschienen aufhängen. In der Müllsortieranlage werden Magnete zum Aussortieren von Konservendosen eingesetzt.

WER ZIEHT WEN AN? · An den Enden der Spielzeugeisenbahn im ▸ Bild 3 A sind kleine Magnete befestigt. Wenn wir einen Eisennagel langsam einem der Magnete nähern, dann bewegt sich die Eisenbahn plötzlich. Zieht der Eisennagel den Magneten an?

Um dies genauer zu untersuchen, legen wir einen Stabmagneten und ein Eisenstück jeweils auf einen Experimentierwagen. Wir beobachten, dass sich beide Wagen aufeinander zu bewegen. Der Eisennagel und der Stabmagnet ziehen sich gegenseitig an (▸ Bild 3 B, C).

Ein Magnet und ein eisenhaltiger Gegenstand ziehen sich gegenseitig an.

MAGNETE HABEN POLE · Wenn man einen Stabmagneten in eine Schüssel mit kleinen Eisennägeln taucht und anschließend vorsichtig wieder herausnimmt, dann macht man eine interessante Beobachtung: Es bleiben viele Nägel am Magneten hängen, allerdings nur an seinen Enden und nicht in der Mitte (▸ Bild 4). Ist der Magnet nicht an allen Stellen gleich stark?

Zur genaueren Untersuchung verwenden wir anstelle der kleinen Eisennägel nur einen einzelnen Eisennagel. Mit der Spitze des Eisennagels berühren wir verschiedene Stellen des Magneten und ziehen ihn immer gleich wieder ab (▸ Bild 5). An den Enden des Stabmagneten spüren wir, dass die Anziehung besonders groß ist. Zur Mitte hin wird die Anziehung immer schwächer und genau in der Mitte ziehen sich Nagel und Magnet gar nicht mehr an. Die Stellen eines Magneten mit der stärksten Anziehung heißen Pole.

Ein Magnet hat mindestens zwei Pole. An den Polen ist der Magnet am stärksten.

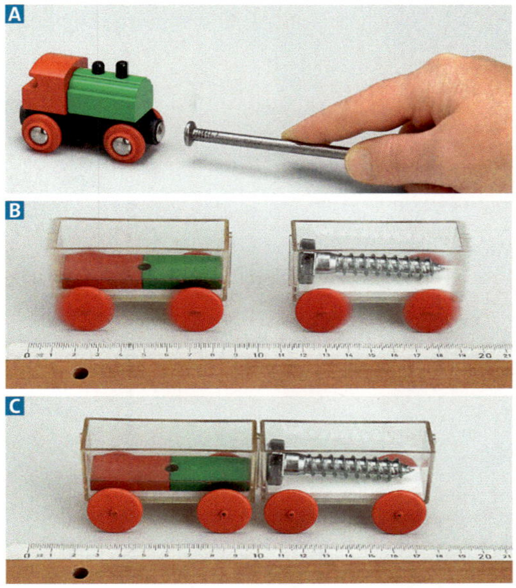

▸3 **A** Die Eisenbahn bewegt sich auf den Nagel zu.
B Beide Wagen rollen aufeinander zu.
C In der Mitte kommen die Wagen zum Stehen.

▸4 Ein Magnet ist nicht an allen Stellen gleich stark.

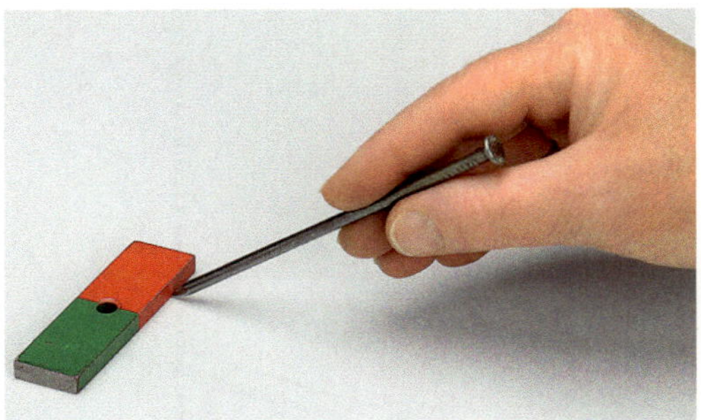

▸5 Mit einem Eisennagel kannst du die Stellen mit der stärksten Anziehung selbst herausfinden.

1 Nenne Beispiele für den Einsatz von Magneten bei dir zu Hause.

2 Jemand behauptet, dass Metalle von einem Magneten angezogen werden. Nimm Stellung zu dieser Aussage.

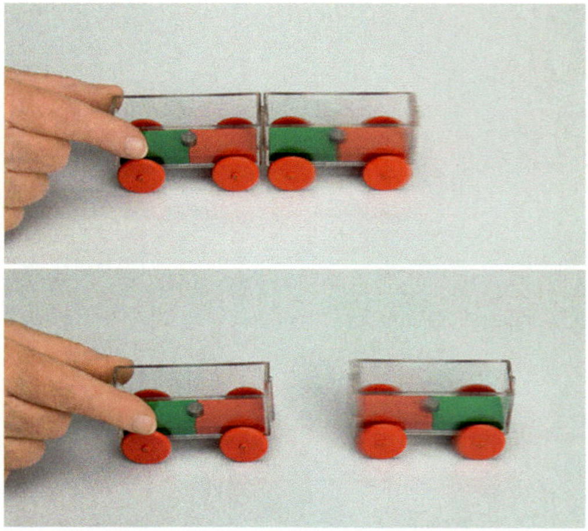

▸1 Magnete auf Wagen – oben: ungleiche Pole ziehen sich an, unten: gleiche Pole stoßen sich ab

▸2 Eine Magnetnadel richtet sich gemäß der Polregel aus.

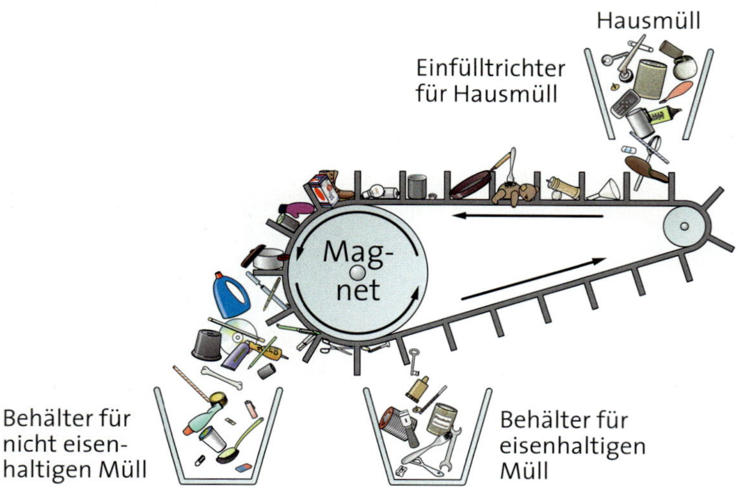

▸3 Müllsortiermaschine

DIE POLREGEL · Was geschieht, wenn zwei Magnete zusammenkommen? Im ▸ Bild 1 siehst du einen Versuch, mit dem du diese Frage beantworten kannst. Zwei Magnete liegen jeweils auf einem Wagen. Ihre Pole sind farblich gekennzeichnet. Im oberen Foto liegt zunächst der rot markierte Pol des linken Stabmagneten dem grün markierten Pol des rechten Stabmagneten gegenüber. Du beobachtest, dass sich die beiden Magnete aufeinander zu bewegen: Sie ziehen sich gegenseitig an. Im unteren Teil von ▸ Bild 1 liegen sich gleichfarbige Pole gegenüber. Du beobachtest, dass sich die beiden Magnete abstoßen.

Jeder der beiden Magnete hat also offenbar zwei unterschiedliche Pole. Sie werden als **magnetischer Südpol und magnetischer Nordpol** bezeichnet. Man kennzeichnet den magnetischen Südpol in der Regel grün und den magnetischen Nordpol rot.

Jeder Magnet hat zwei unterschiedliche Magnetpole: Einen magnetischen Nordpol und einen magnetischen Südpol. Polregel: Gleiche Pole stoßen sich ab, ungleiche Pole ziehen sich an.

MIT EINER MAGNETNADEL DIE POLE FINDEN · Im ▸ Bild 2 siehst du eine drehbare Magnetnadel. Die Nadel verhält sich wie ein Stabmagnet und stellt sich immer nach der Polregel ein. So lässt sich mit einer Magnetnadel herausfinden, wo die Pole eines Magneten liegen.

1 Das ▸ Bild 3 zeigt eine Müllsortiermaschine. Erläutere, wie die Maschine funktioniert.

VERSUCHE ▸ Welche Gegenstände sind ferromagnetisch?

In den folgenden Versuchen untersuchst du, welche Gegenstände von einem Magneten angezogen werden.

V1 Münzen

▸4 Verschiedene Euromünzen

Material:

Magnet, verschiedene Münzen

Arbeitsauftrag:

a) Untersuche, welche Münzen von einem Magneten angezogen werden und welche nicht. Protokolliere in Form einer Tabelle.

b) Finde anschließend heraus (zum Beispiel im Internet), aus welchen Materialien die einzelnen Münzen bestehen. Erweitere deine Tabelle aus a).

V2 Fahrrad

▸5 Fahrrad

Material:

Fahrrad, Magnet

Arbeitsauftrag:

Dein Fahrrad besteht aus vielen unterschiedlichen Teilen. Vermute zuerst, welche Teile vom Magneten angezogen werden und welche nicht. Finde heraus, aus welchen Materialien die untersuchten Teile bestehen.

Projekt ▸ Bau eines Münzsortierers

▸6 Münzsortierer

Ziel:

Bau eines Münzsortierers, der eisenhaltige Münzen aussortiert. Die unsortierten Münzen werden in den Karton geworfen. Die eisenhaltigen und nicht eisenhaltigen Münzen sollen in zwei getrennte Fächer sortiert werden.

Material:

Schuhkarton, Pappe, Papier, Klebeband, Schere, ...

Arbeitsauftrag:

Plane einen Münzsortierer. Erstelle eine Zeichnung. Baue und teste den Münzsortierer. Bewerte dein Ergebnis. Kannst du etwas verbessern?

Material A ▸ Magnete

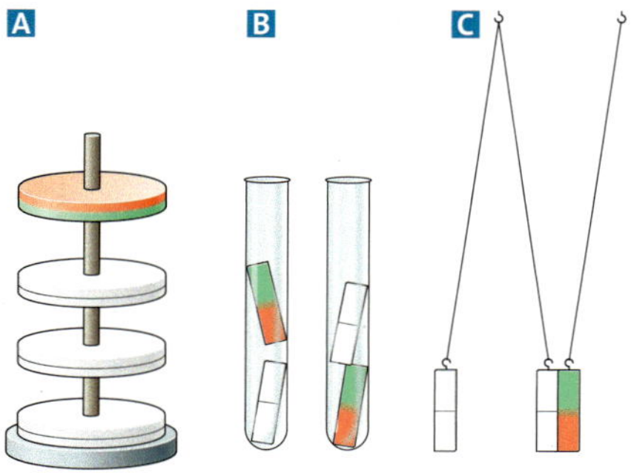

▸7 Magnete

A1 **a)** Übertrage die Bilder links in dein Heft und zeichne die fehlenden magnetischen Pole ein.
b) Ergänze über den Magneten im ▸ Bild 7 B jeweils einen zusätzlichen Magneten (Südpol unten). Achte auf die Abstände.
c) Nun werden die Glasröhrchen einander angenähert. Erläutere die Auswirkungen.

A2 Stelle dir vor, du hast zwei Stäbe, die vollkommen gleich aussehen. Der eine Stab ist ein Magnet und der andere Stab ist ein Eisenstab.
a) Überlege dir einen Versuch, mit dem du ohne Hilfsmittel herausfinden kannst, welcher der beiden Stäbe der Magnet ist.
b) Erstelle eine Versuchsbeschreibung.

►1 Trennung der Bauabfälle nach einem Hausabriss

Der Elektromagnet

Mit einem großen Magneten sammelt der Kran Schrott ein, der wieder verwertet werden soll. Bei der großen Menge muss der Magnet sehr stark sein. Aber wie können die Gegenstände wieder vom Magneten gelöst werden?

EIN MAGNET ZUM EIN- UND AUSSCHALTEN · Der Magnet am Schrottkran ist kein gewöhnlicher Magnet, wie du ihn schon kennen gelernt hast. Im Gegensatz zu einem Dauermagneten kann man den Magneten vom Schrottkran ein- und ausschalten. Wenn man den Magneten einschaltet, dann werden eisenhaltige Gegenstände von ihm angezogen und können eingesammelt werden. Wenn man den Magneten ausschaltet, dann werden die Gegenstände nicht mehr angezogen und können abgeladen werden. Einen solchen Magneten nennt man **Elektromagnet.**

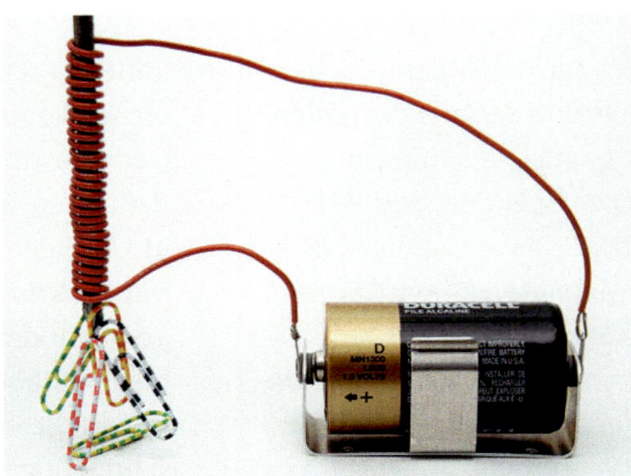

►2 Ein selbst gebauter Elektromagnet

Du kannst einen Elektromagneten ganz einfach selbst bauen (► Bild 2): Du wickelst ein ausreichend langes Kabel um einen dicken Nagel. Wenn du die Enden des Kabels mit den beiden Polen einer Batterie verbindest, dann wirkt der Nagel wie ein Magnet. Du kannst mit deinem Elektromagneten zum Beispiel Büroklammern einsammeln.

WIE FUNKTIONIERT EIN ELEKTROMAGNET? · Zuerst schauen wir uns an, welche Aufgabe das zu vielen Windungen aufgewickelte Kabel hat. Dabei gehen wir folgendermaßen vor (► Bild 3):

Das Kabel wickeln wir zu mehreren Windungen auf. Ein so aufgewickeltes Kabel nennt man auch eine **Spule.** Diese Spule schließen wir über einen Schalter an eine Batterie an. Zunächst bleibt der Schalter offen. Es fließt kein Strom. Wenn wir versuchen, mit der Spule Büroklammern einzusammeln, so gelingt uns das nicht.

Vor ein Ende der Spule stellen wir eine Magnetnadel. Wenn kein Strom fließt, dann richtet sich die Magnetnadel in Nord-Süd-Richtung aus (▸ Bild 3).

Wenn wir nun den Schalter schließen, dann fließt ein elektrischer Strom. Wir beobachten, dass sich die Magnetnadel bewegt und nun auf das Ende der Spule zeigt (▸ Bild 4). Offensichtlich ist die Spule zu einem Magneten geworden. Allerdings ist die magnetische Wirkung sehr schwach. Eine Büroklammer können wir mit der Spule nicht einsammeln.

EIN EISENKERN VERSTÄRKT DIE WIRKUNG · Wenn wir in die Spule eine große Eisenschraube legen und den Schalter schließen, dann zeigt die Magnetnadel wieder auf das Ende der Spule. Gleichzeitig zieht der Elektromagnet gleich mehrere Büroklammern an.

Das gilt allgemein. Wenn sich ein Gegenstand aus Eisen in der Spule befindet, dann wird dadurch die magnetische Wirkung der Spule verstärkt. Einen solchen Gegenstand nennt man **Eisenkern.**

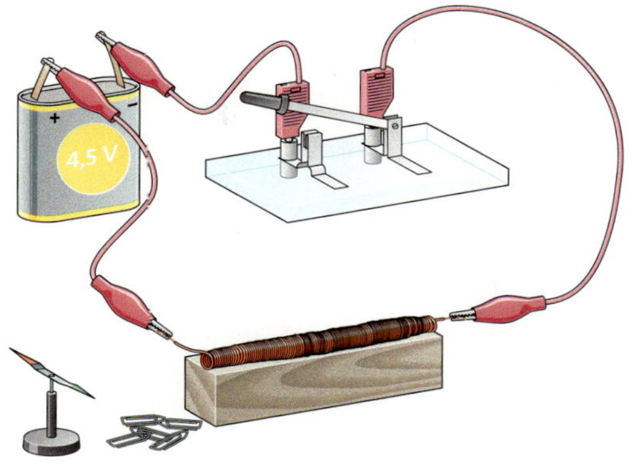

▸3 Bei offenem Schalter: Die Magnetnadel ist senkrecht in Nord-Süd-Richtung ausgerichtet.

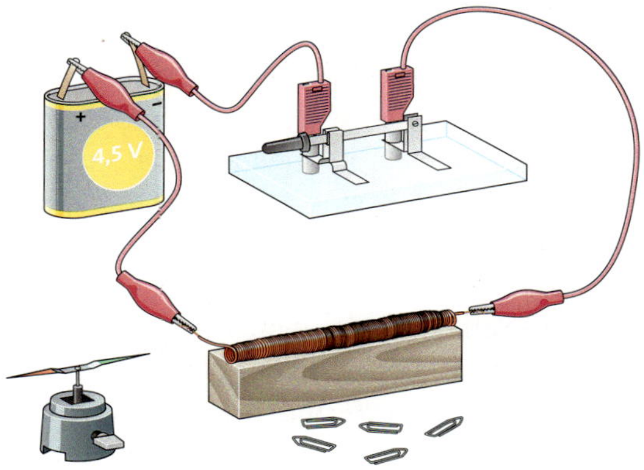

▸4 Bei geschlossenem Schalter: Die Magnetnadel zeigt auf das Ende der Spule.

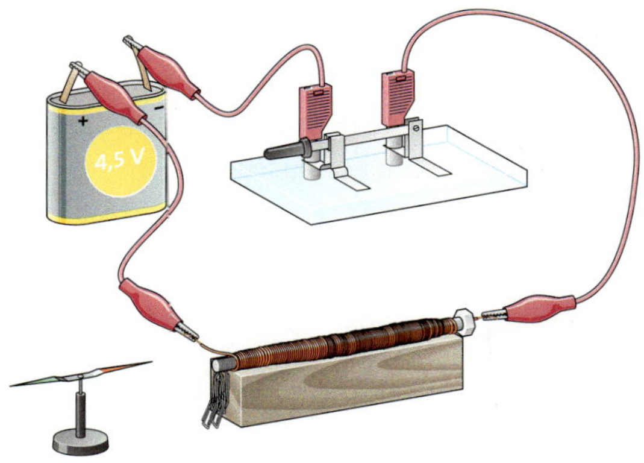

▸5 Der Eisenkern in der Spule verstärkt die magnetische Wirkung.

Ein Elektromagnet besteht aus einer Spule und einem Eisenkern.
Die stromdurchflossene Spule wirkt wie ein Magnet. Der Eisenkern verstärkt die magnetische Wirkung.

1 Ein Elektromagnet enthält immer einen Eisenkern. Könnte man auch einen Kern aus Holz, Kunststoff oder Aluminium verwenden? Begründe deine Antwort.

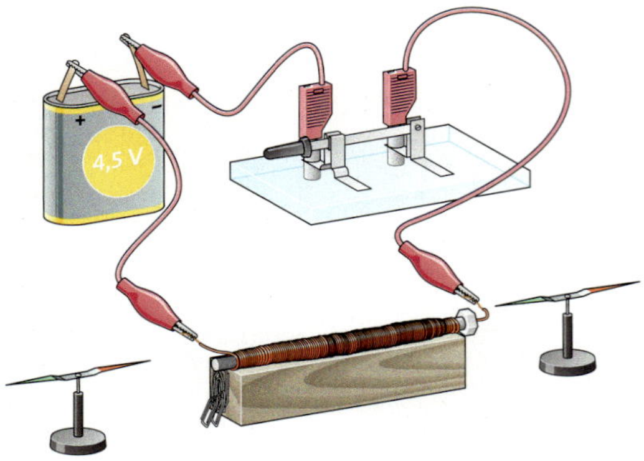

▸1 Ein Elektromagnet hat zwei Pole.

EIN ELEKTROMAGNET HAT ZWEI POLE · Wenn der Elektromagnet die gleichen Eigenschaften wie ein Stabmagnet hat, dann müsste er auch zwei magnetische Pole haben. Wir stellen vor jedes Ende unseres Elektromagneten eine Magnetnadel. Wenn wir den Schalter schließen, dann richtet sich die eine Magnetnadel so aus, dass ihr Nordpol auf den Eisenkern zeigt. Die andere Magnetnadel richtet sich so aus, dass ihr Südpol auf den Eisenkern zeigt (▸ Bild 1). Der Versuch zeigt, dass der Elektromagnet tatsächlich zwei Magnetpole hat – ebenso wie ein Stabmagnet.

Wenn wir die Anschlüsse an der Batterie vertauschen, dann werden auch die Pole des Elektromagneten vertauscht.

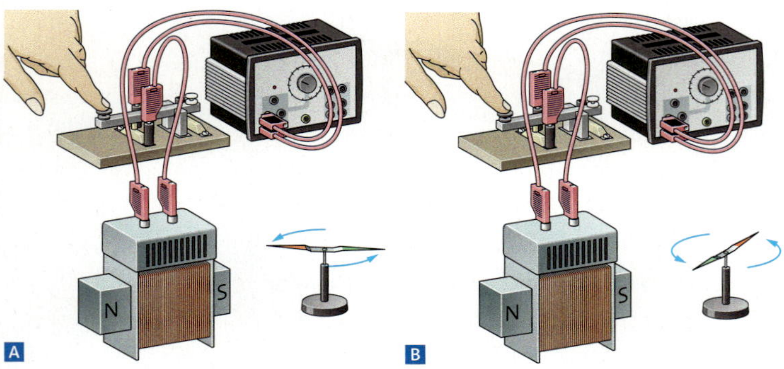

▸2 Ein einfacher Elektromotor

ANWENDUNGEN VON ELEKTROMAGNETEN · Elektromagnete werden nicht nur bei Schrottkränen eingesetzt. Viele Geräte wie Mixer, Haartrockner, Küchenmaschine, Staubsauger oder Bohrmaschine enthalten **Elektromotoren.** In jedem Elektromotor stecken Elektromagnete. Dabei wird ausgenutzt, dass man den Elektromagneten einfach ein- und ausschalten oder umpolen kann.

Im ▸ Bild 2 siehst du ein ganz einfaches Modell eines Elektromotors. Eine Magnetnadel ist drehbar auf einer Nadelspitze gelagert. Davor steht ein Elektromagnet, den man mit einem Tastschalter ein- und ausschalten kann. Wenn man den Elektromagneten einschaltet, dann dreht sich die Magnetnadel, sodass sich ungleiche Pole gegenüberstehen. Wenn man den Elektromagneten in diesem Moment ausschaltet, dann dreht sich die Magnetnadel weiter, da sie noch Schwung hat.

Der Elektromagnet wird wieder eingeschaltet, sobald sich die Magnetnadel um 180° weitergedreht hat. Nun liegen sich gleiche Pole gegenüber. Die Magnetnadel wird abgestoßen und dreht sich weiter. Wenn man den richtigen Rhythmus wählt, dann dreht sich die Magnetnadel gleichmäßig. Etwas Ähnliches kennst du bestimmt vom Schaukeln. Nur wenn du im richtigen Moment auf der Schaukel angestoßen wirst oder selber Schwung holst, dann kannst du immer höher schaukeln.

1 Wenn du zwei Stabmagnete einander näherst, dann gibt es Anziehung oder Abstoßung. Gilt das genauso für zwei Elektromagnete? Begründe.

2 Könnte man auch durch Umpolen des Elektromagneten die Magnetnadel wie im ▸ Bild 2 zum Drehen bringen? Begründe deine Antwort.

VERSUCHE ▸ Bau eines Elektromagneten

In den Versuchen untersuchst du, wie ein Elektromagnet funktioniert.

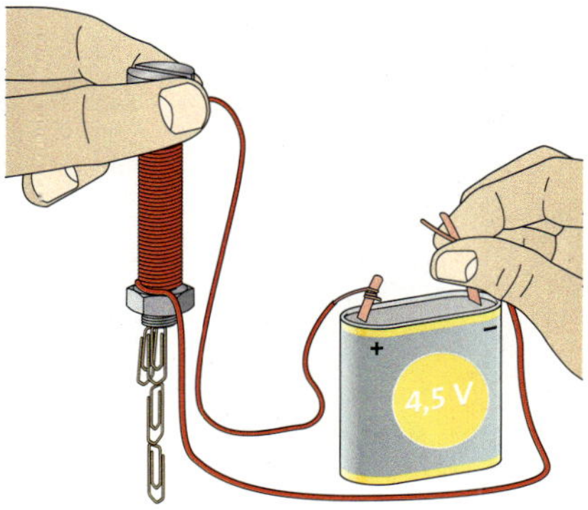

▸3 Elektromagnet

Material:

2 m isolierter Draht, verschiedene Eisenschrauben mit Muttern, Klebeband, Büroklammern, Magnetnadeln

Arbeitsauftrag:

V1 Baue einen Elektromagneten wie im ▸ Bild 3 dargestellt. Entferne dazu die Isolierung an den Enden des Drahtes. Versuche möglichst viele Büroklammern zu heben.

V2 Finde heraus, wie du den Elektromagneten verbessern kannst. Dazu kannst du die Anzahl der Windungen ändern oder unterschiedlich lange und dicke Eisenschrauben verwenden.

V3 Untersuche mit einer Magnetnadel, was geschieht, wenn du die Anschlüsse an der Batterie vertauschst. Notiere deine Beobachtungen.

Material A ▸ Wie funktioniert ein Elektromotor?

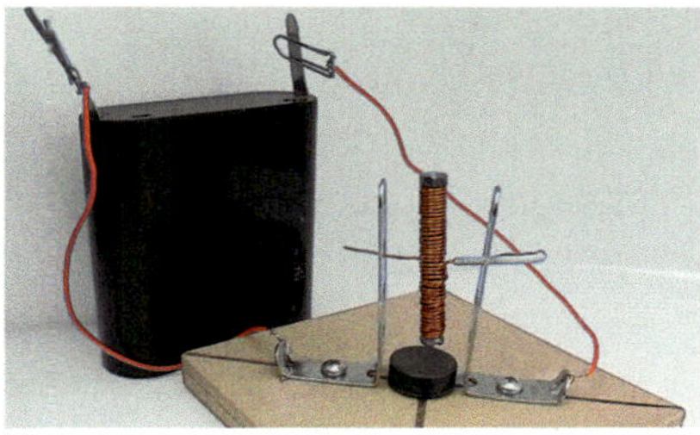

A1 Jeder Elektromotor enthält Elektromagnete. Im ▸ Bild oben ist ein einfacher Elektromotor dargestellt. Wenn man die Schraube anstößt, dann dreht sie sich immer weiter. Der Draht an der rechten Kontaktstelle ist umgebogen. Das umgebogene Ende des Drahtes ist nicht isoliert. Im ▸ Bild 4 sind vier verschiedene Stellungen des Elektromotors dargestellt. Nur wenn die nicht isolierte Stelle auf der Halterung aufliegt, kann durch die Spule ein elektrischer Strom fließen. Das ist in ▸ Bild 4 A, B und C der Fall. Beschreibe, wie der Motor funktioniert.

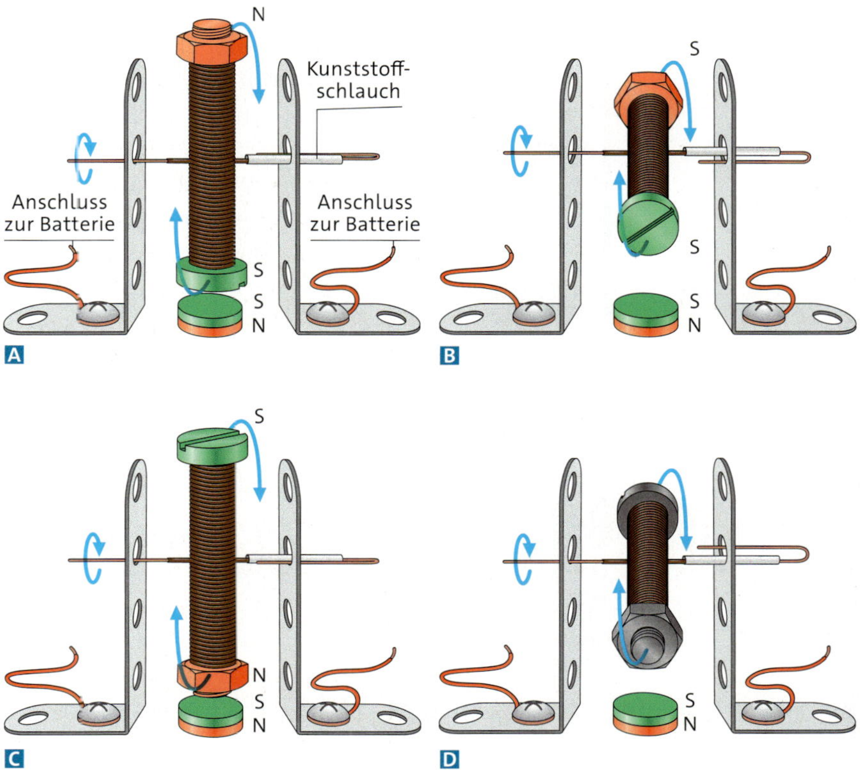

▸4 Vier Positionen des einfachen Elektromotors; zwischen den Teilbildern liegt jeweils eine viertel Umdrehung.

►1 Getränkedosen aus Aluminium

Manche Stoffe leiten Strom

Getränkedosen sind aus Aluminium. Ein großer Teil des Aluminium-Mülls wird durch Recycling wieder zurückgewonnen. In der Müllsortierungsanlage wird zur Abtrennung des Aluminiums ausgenutzt, dass Aluminium elektrischen Strom leitet. Wie kann man herausfinden, welche Stoffe elektrischen Strom leiten?

DER ELEKTRISCHE STROMKREIS · Um die Frage aus dem Einstiegstext beantworten zu können, musst du erst einmal verstehen, wie ein elektrischer Stromkreis funktioniert. Deine Taschenlampe zum Beispiel enthält eine Batterie und ein Lämpchen. Das Lämpchen der Taschenlampe benötigt elektrische Energie, damit es leuchten kann. Diese Energie liefert die Batterie, sie ist eine **elektrische Energiequelle.** Das Lämpchen bezeichnet man auch als **elektrisches Gerät.**

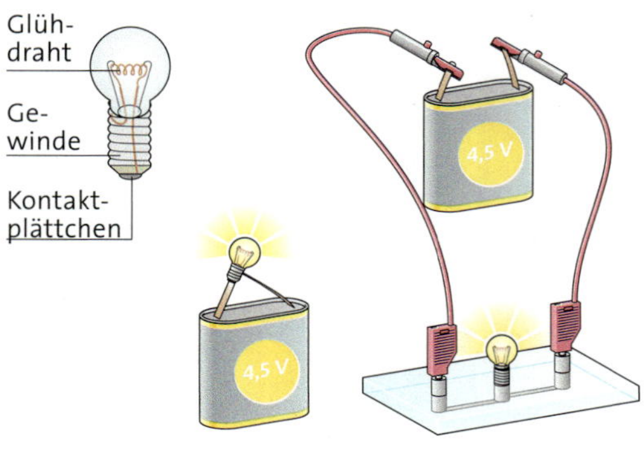

►2 Glühlampe an einer Batterie

Eine Batterie hat zwei Anschüsse. Diese Anschlussstellen bezeichnet man als **Pluspol** und **Minuspol.** Im ► Bild 2 siehst du zwei Möglichkeiten, wie du eine Glühlampe an eine Batterie anschließen kannst. In beiden Fällen müssen das Gewinde und das Kontaktplättchen der Glühlampe jeweils mit einem Anschluss der Batterie verbunden werden.

Eine solche Verbindung einer elektrischen Energiequelle mit einem elektrischen Gerät bezeichnet man als **elektrischen Stromkreis.** Dabei ist das Wort „Kreis“ nicht im Sinne von „kreisförmig“, sondern im Sinne von „Kreislauf“ zu verstehen.

Ein solcher „Stromkreislauf“ hat, wie andere Kreisläufe auch, weder Anfang noch Ende.

Ein elektrischer Strom fließt nur dann, wenn der Stromkreis geschlossen ist. Dabei wird Energie von der Batterie zur Lampe transportiert.

ACHTUNG KURZSCHLUSS! · Wenn du die beiden Pole der elektrischen Energiequelle durch ein Kabel wie im ▸ Bild 4 direkt miteinander verbindest, dann erzeugst du einen sogenannten Kurzschluss. Dabei fließt ein starker Strom, der zum Erhitzen der Batterie und des Kabels führt. Die Batterie kann dadurch zerstört werden. Verbinde also niemals die Pole einer Batterie direkt miteinander!

WIE IST EIN KABEL AUFGEBAUT? · Im ▸ Bild 2 ist ein Stromkreis dargestellt, bei dem Experimentierkabel verwendet werden. Die Kabel sollen den Strom gut leiten. Gleichzeitig dürfen aber keine zusätzlichen Stromwege oder Kurzschlüsse entstehen, wenn sich zwei Kabel berühren. Deshalb werden die Kabel mit einem Material umgeben, das den Strom nicht leitet (▸ Bild 5). Solche Materialien heißen **Isolator.** Auch die Kabel im Haushalt bestehen aus Kupferdrähten, die mit einer Kunststoffschicht ummantelt sind. Auf diese Weise fließt der Strom nur auf den vorgesehenen Wegen.

GERÄT UND QUELLE MÜSSEN PASSEN · Einen Haartrockner muss man an eine Steckdose anschließen, damit er funktioniert. An einer Batterie kann man ihn nicht betreiben. Umgekehrt darf man ein Experimentierlämpchen niemals an eine Steckdose anschließen. Zum einen wäre das viel zu gefährlich, zum anderen würde das Lämpchen sofort zerstört werden.

Auf elektrischen Energiequellen findet man Angaben über die sogenannte **elektrische Spannung.** Eine einfache Batterie ist zum Beispiel mit 1,5 V (lies: „1,5 Volt“) beschriftet. Auch auf elektrischen Geräten stehen meistens Spannungsangaben. Beispielsweise findet man auf dem Haartrockner die Angabe 230 V. Die Spannungsangaben der elektrischen Quelle und des elektrischen Gerätes müssen so gut wie möglich übereinstimmen, damit ein elektrisches Gerät funktioniert und nicht zerstört wird.

▸4 Achtung! Kurzschluss – nicht nachmachen!

GEFAHRENHINWEIS

Umgang mit Elektrizität

- Experimentiere niemals mit dem elektrischen Strom aus der Steckdose!
- Berühre niemals die Buchsen einer Steckdose oder eine schadhafte Leitung mit bloßen Händen oder einem Werkzeug!
- Benutze beim Experimentieren nur Batterien oder spezielle Netzgeräte der Schule als elektrische Quellen!

▸5 Experimentierkabel

1 Simone hält ein Lämpchen so an die Batterie, dass beide Kontakte das Gewinde berühren. Andrea sagt: „Das ist gefährlich!“ Was denkst du? Begründe deine Antwort.

2 Du hast drei verschiedene Batterien (1,5 V; 4,5 V; 9 V) und mehrere Lämpchen (1,8 V; 2,5 V; 3,8 V; 5 V; 10 V). Ordne den Lämpchen eine passende Batterie zu.

▸3 Verschiedene Batterien

METHODE

Experimente planen – Welche Materialien leiten elektrischen Strom?

Es soll untersucht werden, welche Materialien den elektrischen Strom leiten und welche nicht. Wie plant man dazu ein Experiment?

1. Überlege dir ein Verfahren, mit dem du prüfen kannst, ob ein Material den elektrischen Strom leitet oder nicht.
Du weißt, dass ein Glühlämpchen nur dann leuchtet, wenn ein Strom fließt. Dazu muss der Stromkreis, in den das Lämpchen eingebaut ist, geschlossen sein.
Ein elektrischer Strom kann nur durch elektrisch leitendes Material fließen. Für einen Stromkreis brauchst du also elektrisch leitende Verbindungen zwischen der Energiequelle und dem Gerät. Wenn ein nicht leitendes Material im Stromkreis eingebaut ist, dann fließt kein Strom, der Stromkreis ist unterbrochen. In diesem Fall leuchtet das Lämpchen nicht.

2. Plane einen Versuchsaufbau, mit dem du verschiedene Materialien testen kannst.
Dazu musst du zunächst überlegen, welche Bauteile für den Versuchsaufbau geeignet sind. Die zu untersuchenden Gegenstände sollten leicht in den Stromkreis ein- und auszubauen sein. Als Anzeiger eignet sich eine Glühlampe. Eine passende Energiequelle ist eine 4,5 V-Batterie. Als Verbindung sind Kabel mit sogenannten Krokodilklemmen geeignet. Hiermit kannst du nun einen Stromkreis wie im ▸ Bild 1 aufbauen. Wenn ein leitender Gegenstand in den Stromkreis eingebaut ist, dann leuchtet das Lämpchen (▸ Bild 2). Halte deine Beobachtungen in einer Tabelle fest (▸ Bild 3).

Mithilfe einer Krokodilklemme kann man eine gute Verbindung zwischen den Experimentierkabeln und anderen Gegenständen herstellen. Der Name ergibt sich aus der länglichen Form und den vielen Zacken.

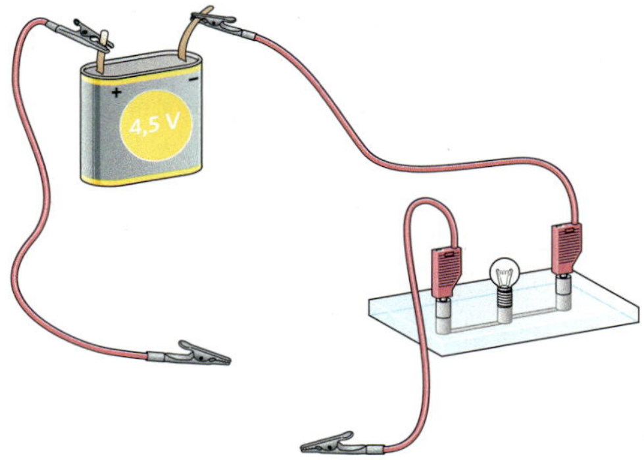

▸1 Versuchsaufbau, mit dem man messen kann, ob ein fester Körper leitet.

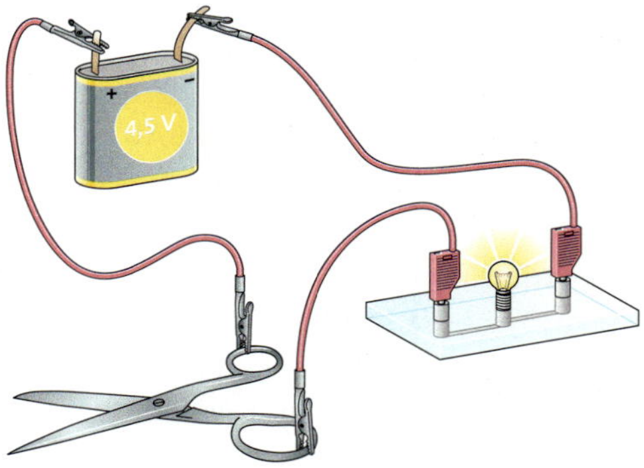

▸2 Versuchsaufbau mit leitendem Gegenstand

Gegenstand	Material	leitet Strom?
Schere	Metall	ja
Lineal	Holz	nein
Bleistiftmine	Grafit	ja (schwach)
...	...	...

▸3 Versuchsergebnisse

1 Führe den Versuch entsprechend durch. Halte deine Ergebnisse wie in ▸ Tabelle 3 fest.

VERSUCHE ▸ Welche Flüssigkeiten leiten den elektrischen Strom?

Im Folgenden planst du einen Versuch dazu und führst ihn mit verschiedenen Flüssigkeiten durch.

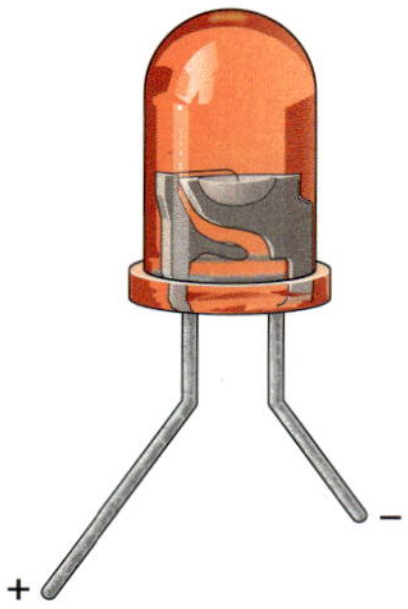

▸4 LED mit Anschlussdrähten

Hinweis:
Verwende eine 4,5 V-Batterie und eine Leuchtdiode (LED). Diese ist empfindlicher als eine Glühlampe.

Beim Anschluss der LED musst du auf die Polung achten. Das lange „Beinchen“ muss mit dem Pluspol und das kurze „Beinchen“ mit dem Minuspol der Batterie verbunden werden (▸ Bild 4).

V1 **a)** Plane einen Versuch, mit dem du untersuchen kannst, wie gut verschiedene Flüssigkeiten elektrischen Strom leiten. Bedenke, dass der Strom durch die Flüssigkeit fließen muss. Die Kontakte dürfen sich also nicht berühren.
b) Baue deinen Versuch auf. Teste den Aufbau, indem du die Lücke im Stromkreis mit einem Gegenstand aus Metall kurzzeitig schließt. Skizziere und beschreibe deinen Versuchsaufbau.
c) Untersuche für die Flüssigkeiten destilliertes Wasser, Leitungswasser, Pflanzenöl, Essig, Zuckerwasser oder Limonade, wie gut sie den elektrischen Strom leiten. Notiere deine Beobachtungen in einer Tabelle.
d) Beschreibe mögliche Schwierigkeiten, die du bei diesem Versuch hattest. Wie hast du die Schwierigkeiten überwunden?

Material A ▸ Gefahren des elektrischen Stroms

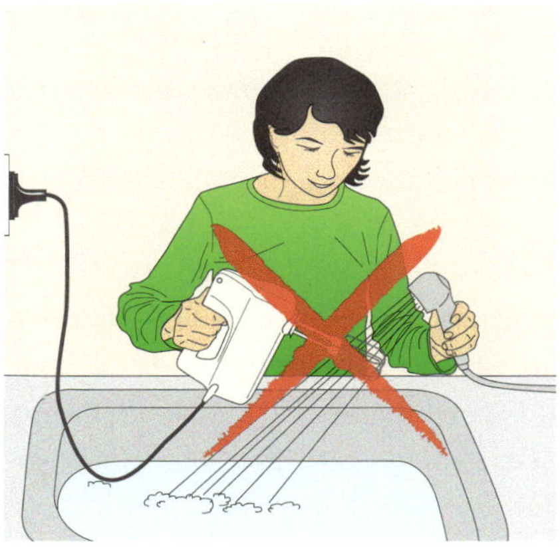

A1 Erläutere die Gefahren, die in den Abbildungen links dargestellt sind.

A2 Formuliere geeignete Verhaltensregeln für den Umgang mit elektrischen Geräten.

A3 In Anleitungen für Elektrogeräte wird immer darauf hingewiesen, dass man Reparaturen nur bei gezogenem Netzstecker durchführen darf. Begründe.

Material B ▸ Ein einfacher Feuchtigkeitssensor

B1 Paul vergisst immer seine Pflanzen zu gießen. Damit sie nicht eingehen, muss die Blumenerde immer etwas feucht sein. Deshalb hat Paul einen einfachen Feuchtigkeitssensor erfunden (▸ Bild rechts). Wenn die Leuchtdiode ausgeht, muss er die Pflanze gießen. Erkläre, wie sein Sensor funktioniert.

BLICKPUNKT–TECHNIK

Planung und Bau eines Eisensammlers

Elektrische Schaltsymbole	
Elektrische Energiequelle (Batterie)	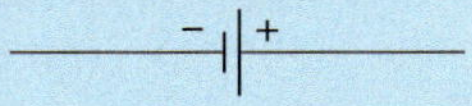
Glühlampe	
Elektrische Leitung	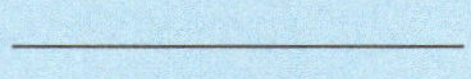
Elektrische Verbindung	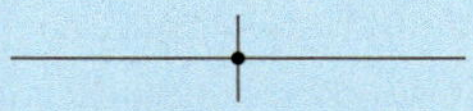
Schalter	
Umschalter	
Spule mit Eisenkern	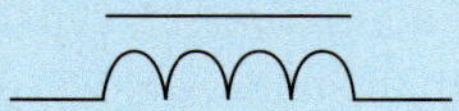

►1

Regeln zum Zeichnen von Schaltplänen

- Verwende stets einen Bleistift.
- Zeichne die Leitungen mit dem Lineal.
- Achte auf eine übersichtliche Darstellung.
- Zeichne die Leitungen waagerecht oder senkrecht.
- Vermeide Kreuzungen.

►2

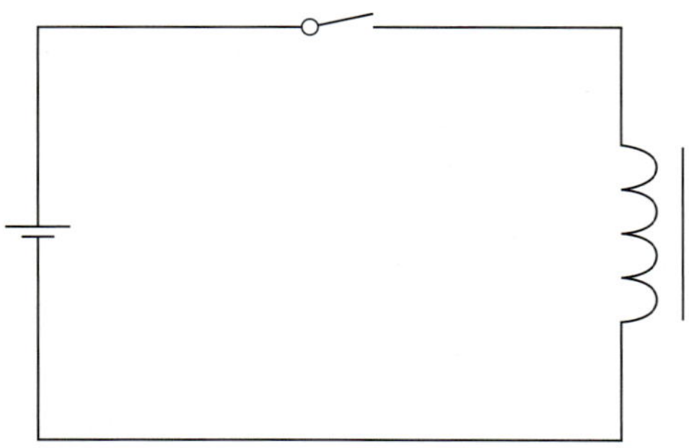

►3 Schaltplan für den Eisensammler

Folgende Anforderungen soll der Eisensammler erfüllen:

Anforderungen:
- Du kannst eisenhaltige Gegenstände bequem einsammeln und wieder ablegen.
- Der Eisensammler ist so lang, dass du dich nicht bücken musst.
- Der Elektromagnet ist so stark, dass du 5-Cent-Münzen damit anheben kannst.
- Du kannst den Elektromagneten mit einem Schalter ein- und ausschalten.
- Du kannst den Schalter mit einer Hand bedienen.

Material:
Rundholzstab (1 m lang, 1 cm Durchmesser), Batterie (4,5 V), Eisenschraube M5 (6 cm lang), zwei Stück isolierter Draht (4,5 m und 0,5 m lang), Pappstreifen (3 cm x 16 cm), Pappstreifen (2 cm x 6 cm), zwei Streifen Aluminiumfolie (je 7 cm x 4 cm), Klebestreifen, Isolierband, Schere

Eine Schaltung planen · Für den Eisensammler brauchst du eine elektrische Schaltung, die einen geschlossenen Stromkreis ergibt. Dafür schaltest du alle Bauteile hintereinander.

Diese **Reihenschaltung** musst du als erstes planen. Dabei hilft dir eine Zeichnung. Es ist sehr aufwendig, alle Bauteile eines Stromkreises zu zeichnen. Deshalb verwendet man Symbole, mit denen man eine Schaltung einfach und vor allem übersichtlich skizzieren kann (► Bild 3). Eine solche Skizze bezeichnet man als **Schaltplan.** Beachte die Regeln zum Zeichnen von Schaltplänen.

Bau des Schalters · Ein Schalter besteht aus zwei Kontakten, die eine leitende Verbindung zum Stromkreis haben. Wenn sich die Kontakte berühren, dann ist der Stromkreis geschlossen. Aus zwei Pappstreifen und zwei Aluminiumstreifen kannst du einen Tastschalter bauen (► Bild 4). Die Aluminiumfolie solltest du noch nicht vollständig auf die Pappe kleben, damit du später den Draht darunter schieben kannst.

Bau des Elektromagneten · Wickle den isolierten Draht gleichmäßig in einer Lage um die Eisenschraube. Lass dabei an einem Ende etwa 0,5 m, am anderen Ende etwa 1,2 m Draht übrig. Entferne an den Drahtenden jeweils ungefähr 1 cm von der Isolierung.
Teste deinen Elektromagneten, indem du die Drahtenden mit Büroklammern an der Batterie befestigst. Trenne den Elektromagneten wieder von der Batterie.

Zusammenfügen der Bauteile · Befestige den Elektromagneten mit Isolierband an einem Ende des Holzstabes (► Bild 5). Klebe die Batterie mit dem Klebeband etwa in der Mitte an den Stab (► Bild 6). Befestige den Schalter am oberen Ende des Stabs. Schlinge das kürzere Ende des Drahts vom Elektromagneten einige Male um den Stab und verbinde es mit einem Pol der Batterie. Wickle auch das lange Ende einige Male um den Stab und verbinde es mit einem Kontakt des Schalters. Schiebe dazu das Drahtende unter die Aluminiumfolie und befestige es mit einem Klebestreifen.

Entferne an beiden Enden vom 0,5 m langen Drahtstück die Isolierung. Befestige das eine Ende am zweiten Pol der Batterie. Wickle den Draht mehrmals um den Stab und verbinde ihn mit dem zweiten Kontakt der Batterie, indem du das Ende unter die Alufolie schiebst und mit einem Klebestreifen befestigst.

1 Teste deinen Eisensammler (► Bild 7). Hast du Verbesserungsvorschläge?

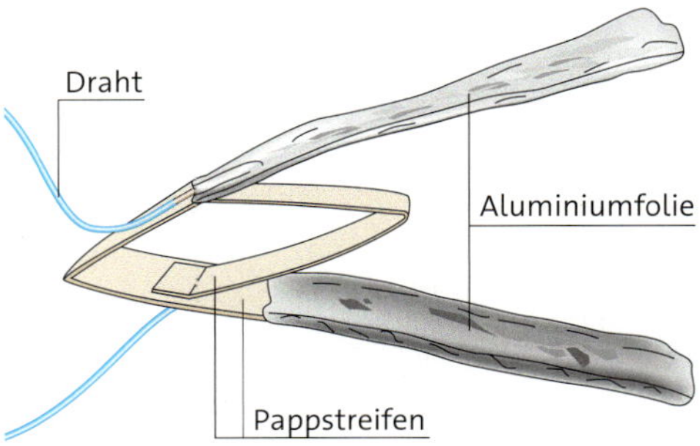

► 4 Selbstgebauter Tastschalter

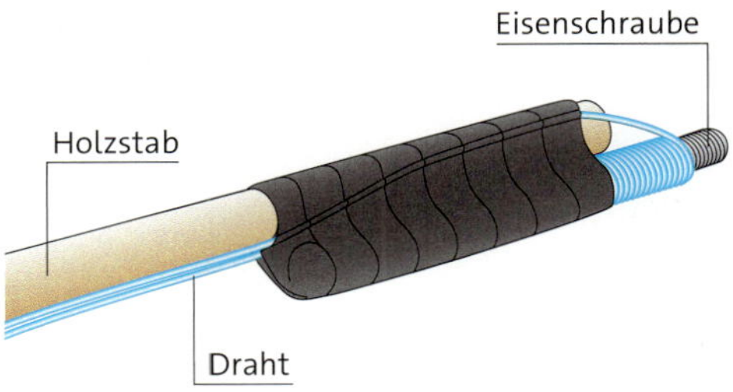

► 5 Der Elektromagnet

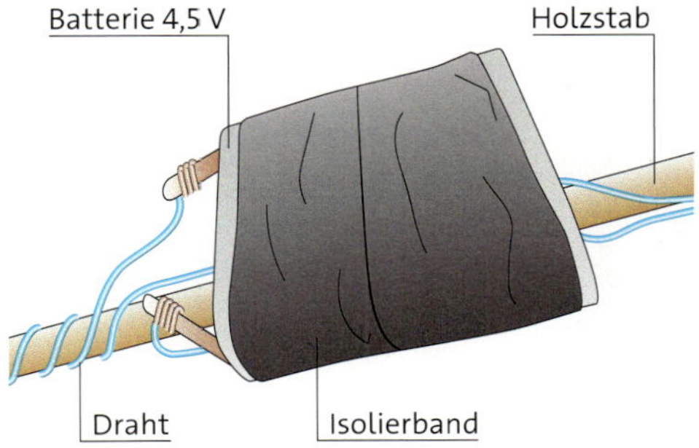

► 6 Befestigung der Batterie

Achtung!
Ein selbstgebauter Schalter darf nur mit einer Batterie verwendet werden!

► 7 Eisensammler in Aktion

VERSUCHE ► Untersuchung einfacher Schaltungen mit Lampen und Schaltern

V1 Wie hell leuchten die Lampen?

Material:

Lampen mit der Aufschrift (3,8 V; 0,07 A) mit Fassung, Batterie (4,5 V), Kabel, Krokodilklemmen

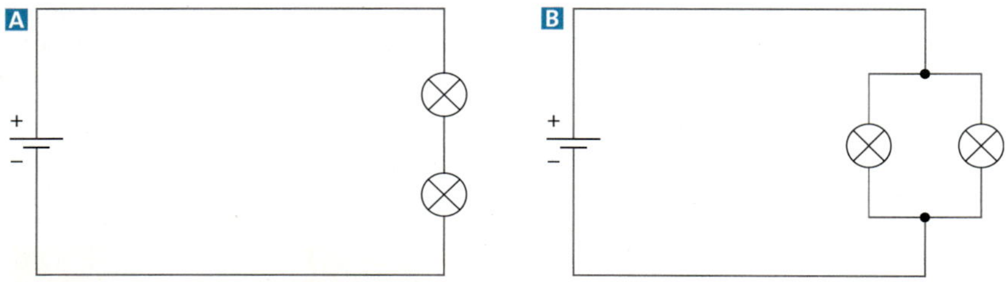

►1 Zwei Lampen **A** in Reihenschaltung, **B** in Parallelschaltung

Im ► Bild 1 A ist eine Reihenschaltung mit zwei Lampen dargestellt. Im ► Bild 1 B sind die Lampen so geschaltet, dass jede Lampe ihren eigenen Stromkreis hat. Eine solche Schaltung nennt man Parallelschaltung.

Arbeitsauftrag:

a) Baue eine Schaltung aus der Batterie und einer Lampe auf. Beobachte die Helligkeit der Lampe.

b) Baue eine Reihenschaltung aus zwei Lampen auf. Hat sich die Helligkeit der Lampen verändert? Notiere deine Beobachtung. Baue eine dritte Lampe in Reihe ein. Beobachte die Helligkeit der Lampen. Notiere.

c) Drehe in der Reihenschaltung aus b) jeweils eine Lampe aus der Fassung. Notiere deine Beobachtung. Erkläre.

d) Baue eine Parallelschaltung aus zwei Lampen auf. Beobachte ihre Helligkeit. Schalte eine dritte Lampe parallel dazu. Verändert sich die Helligkeit? Notiere deine Beobachtung.

e) Drehe in der Parallelschaltung aus d) jeweils eine Lampe aus der Fassung. Notiere deine Beobachtung.

f) Stelle die Beobachtungen bei der Reihenschaltung und der Parallelschaltung in einer Tabelle zusammen. Vergleiche die beiden Schaltungen.

V2 Wechselschaltung

Material:

Holzbrett, Reißzwecken, Büroklammern, Krokodilklemmen, Batterie (4,5 V), 2 Lampen mit der Aufschrift (3,8 V; 0,07 A) mit Fassung, Kabel

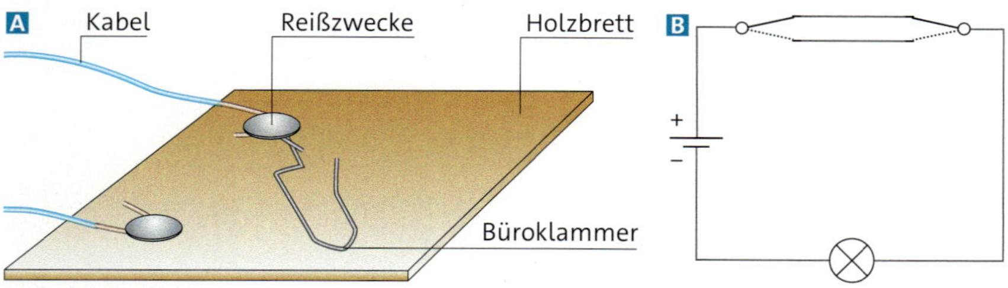

►2 **A** Selbstgebauter Schalter, **B** Schaltplan einer Wechselschaltung

Arbeitsauftrag

a) Stelle einen Schalter wie im ► Bild 2 A her. Baue ihn in einen Stromkreis aus Lampe und Batterie ein. Teste deinen Schalter.

b) ► Bild 2 B zeigt eine Wechselschaltung. So ein Schalter hat drei Kontakte. Stelle zwei Umschalter her. Baue daraus eine Wechselschaltung auf. Teste die Schaltung. Erkläre, wie die Schaltung funktioniert

c) Gib an, wo man im Haus eine solche Schaltung einsetzen könnte.

Material A ► Elektrische Stromkreise

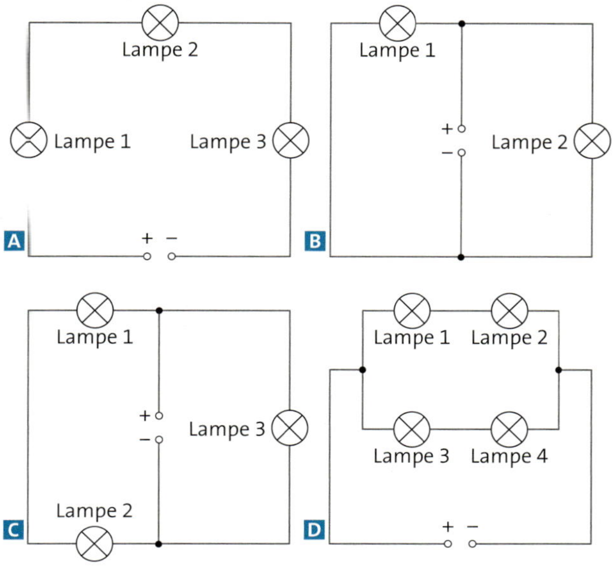

►3 Schaltungen mit Lampen

A1 ► Bild 3 A–D zeigt verschiedene Schaltungen. Benenne die jeweilige Schaltungsart. Ist das immer eindeutig möglich? Begründe.

A2 ► Bild 3 D zeigt eine Schaltung mit vier Lampen. Übertrage die folgende Tabelle in dein Heft und fülle sie aus. Entscheide, welche Lampen leuchten, nachdem die jeweils benannte Lampe herausgedreht wurde. Überprüfe die Ergebnisse deiner Tabelle in einem Experiment.

Lampe 1	Lampe 2	Lampe 3	Lampe 4
heraus			
	heraus		
	heraus	heraus	
		heraus	heraus

Material B ► Schalter in Reihen- und Parallelschaltungen

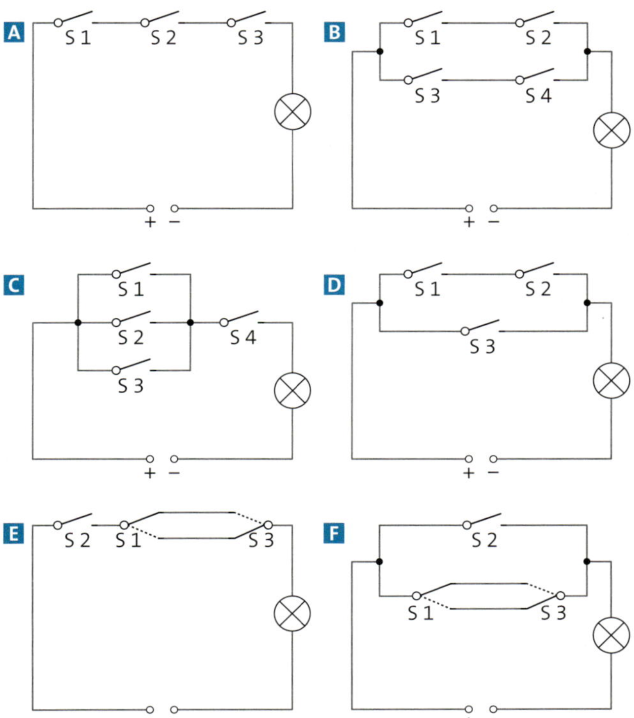

►4 Schaltungen mit Schaltern

B1 Die Schaltskizzen ► Bild 5 A–F zeigen sechs verschiedene Schaltungen.
a) Benenne zu jeder Schaltung A–D die Schalter, die geschlossen sein müssen, damit die Lampe leuchtet.
b) Die Schaltungen E und F enthalten Wechselschalter. Diese haben die Schalterstellungen „oben (o)“ und „unten (u)“. Benenne für diese Schaltungen die Schalterstellungen, bei denen die Lampe leuchtet.

B2 Die folgende Tabelle zeigt die Funktion einer der Schaltungen in den Schaltskizzen ► Bild 5 A–F. Finde die Schaltung heraus und begründe deine Entscheidung.

Schalter 1	Schalter 2	Schalter 3	Lampe leuchtet
geschlossen	geschlossen	geschlossen	ja
geschlossen	geschlossen	offen	ja
geschlossen	offen	geschlossen	ja
offen	geschlossen	offen	nein

▸1 Waldboden mit Streuschicht

Recycling – biologisch

▸2 Unterschiedlich alte Buchenblätter in der Streuschicht

Im Herbst fallen bei uns jedes Jahr etwa 400 Gramm Laub auf einen Quadratmeter Waldboden. Im 150 Quadratkilometer großen Naturpark Schönbuch sind das insgesamt 60 000 Tonnen Laub pro Jahr! Trotzdem wird die Laubschicht nicht jedes Jahr dicker. Wie ist das möglich?

STREUSCHICHT · Wenn du die auf der Oberfläche des Waldbodens liegenden Laubblätter entfernst, dann findest du darunter Blätter mit Löchern (▸ Bild 2). Unter diesen befinden sich Blätter, die dunkler sind und noch mehr Löcher haben. Und darunter bestehen die Blätter meist nur noch aus einem Gerippe von Blattadern. Die aus Blättern bestehende Schicht des Waldbodens bezeichnet man als **Streuschicht.** Wenn du die Blätter vom Waldboden entfernst, dann stößt du auf eine schwarzbraune Bodenschicht. Sie besteht aus mikroskopisch kleinen Teilen der Laubblätter und wird als **Humusschicht** bezeichnet. In etwa 30 Zentimeter Tiefe triffst du auf die hellere **Mineralbodenschicht.**

LEBEWESEN DER STREUSCHICHT · Wenn du die Streuschicht genauer betrachtest, dann findest du zahlreiche verschiedene Lebewesen, die du mit bloßem Auge erkennen kannst, zum Beispiel Schnecken, Spinnen, Käfer oder Regenwürmer (▸ Bild 3). Aber mit der Lupe findest du noch mehr Tiere: die meistens dunkelbraunen Milben und die weißen Fadenwürmer. Zusätzlich fallen auch zahlreiche winzige Tiere auf, die von den Blättern springen. Es sind winzige Insekten, die man Springschwänze nennt.
Milben, Fadenwürmer und Springschwänze kommen in der Streuschicht in viel größerer Anzahl vor als die größeren Tiere. Auf einem Quadratmeter Waldboden, der bis in 30 Zentimeter Tiefe untersucht wurde, fand man etwa 10 000 000 Fadenwürmer, 150 000 Milben und 100 000 Springschwänze.
Noch viel zahlreicher sind Pilze, Einzeller und Bakterien. Pilze kann man an ihren hauchdünnen weißen Zellfäden auf den Blättern erkennen. Einzeller und Bakterien sind dagegen nur unter dem Mikroskop sichtbar.

RECYCLING DER STREUSCHICHT · Die im Herbst abfallenden Laubblätter hat der Baum im Frühjahr und im Sommer mithilfe des Sonnenlichts aus bestimmten Ausgangsstoffen gebildet. Dazu gehören Wasser und Mineralstoffe aus dem Boden sowie ein Bestandteil der Luft. Das Laub ist die Nahrungsgrundlage für die vielen Lebewesen der Streuschicht. Dabei fressen Schnecken, Asseln und Tausendfüßer Löcher in die Blätter. Von feineren Blattresten ernähren sich Springschwänze und Milben. Der Kot dieser Tiere dient zum Beispiel Fadenwürmern als Nahrung. So werden die Blätter schrittweise immer weiter zersetzt, wodurch Humus entsteht. Regenwürmer fressen Humus und bauen sich mit ihrem Kot Wohnröhren. Sie durchmischen auch Bodenteilchen und Pflanzenreste. Den Pilzen und Bakterien dient sowohl das Laub und der Kot der Tiere als auch der Humus als Nahrung. Dabei zerlegen sie die von den Pflanzen aufgebauten Stoffe wieder in die einfachen Ausgangsstoffe. Von diesen Stoffen können Tiere nicht mehr leben. Für Pflanzen sind es aber genau die Ausgangsstoffe, die sie zum Aufbau neuer Blätter benötigen.

Da diese einfach gebauten Stoffe wie in einem Kreislauf immer wieder verwendet werden, spricht man von **Recycling.** Der Waldboden ist ein sehr effektives Recyclingsystem. Nach etwa ein bis drei Jahren ist so das frisch gefallene Laub vollständig zersetzt. Deshalb wird die Streuschicht nicht von Jahr zu Jahr dicker.

Recycling (engl.): Wieder in den Kreislauf bringen

1 Beschreibe den Aufbau eines Waldbodens und nenne wichtige Lebewesen, die sich von Laubblättern ernähren.

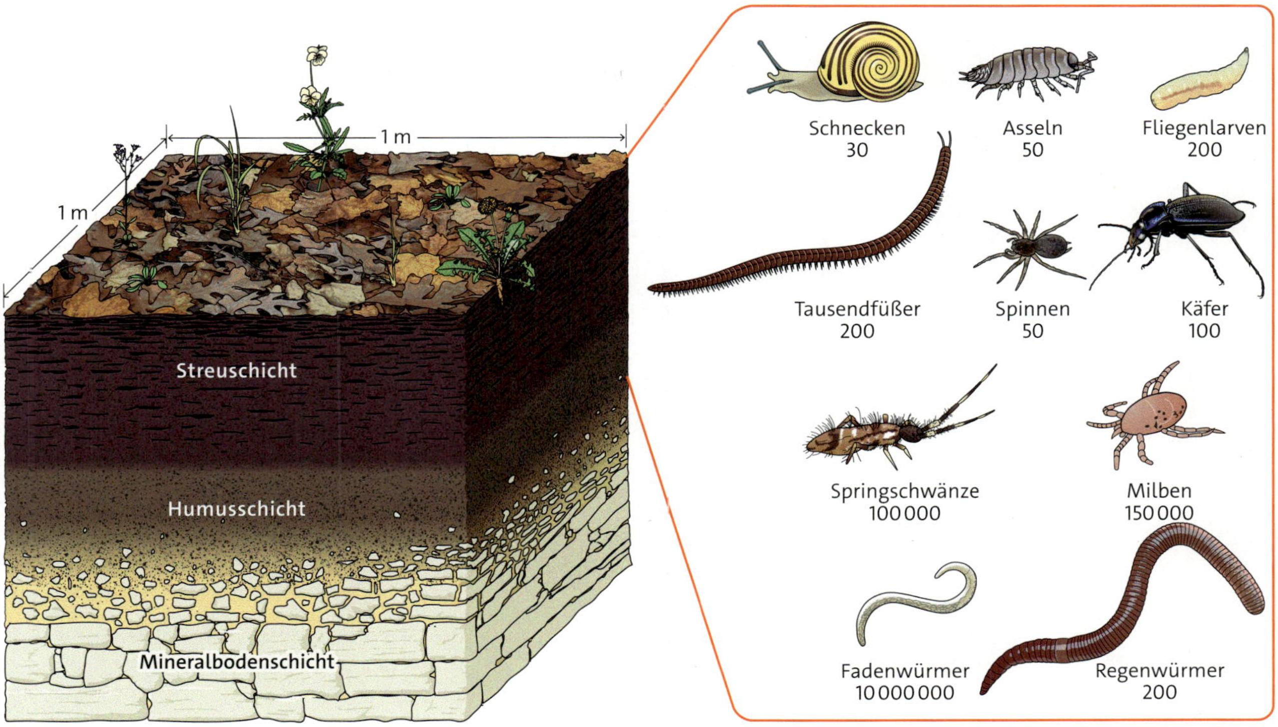

▸ 3 Schichten des Waldbodens und häufige Bodentiere in einem Quadratmeter Waldboden bis in 30 Zentimeter Tiefe

VERSUCHE ► Untersuchung der Streuschicht

In den folgenden Versuchen untersuchst du die Lebewesen in der Streuschicht.

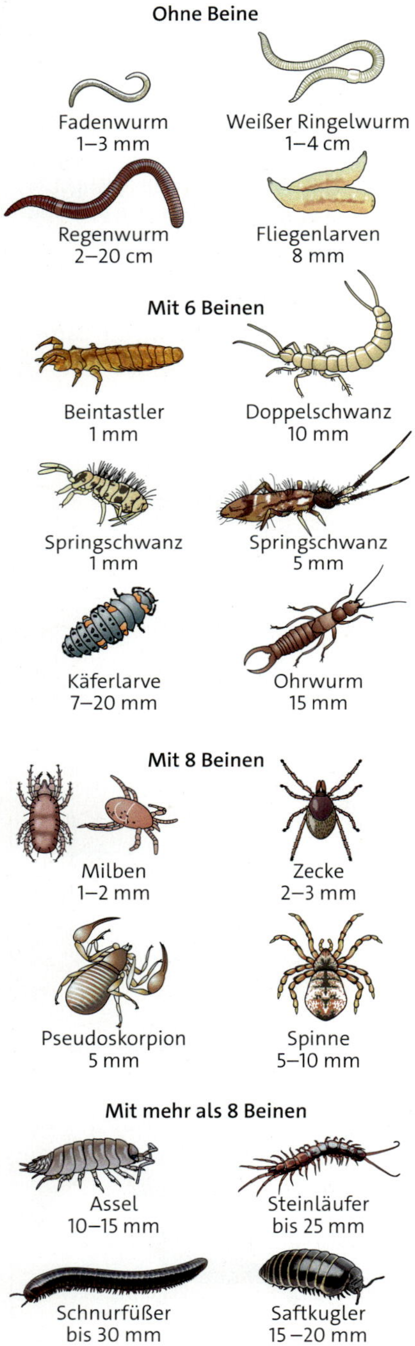

►1 Tiere aus der Streuschicht

V1 Entnahme von Streuproben im Wald für die Versuche 2 und 3

Material:

Große Kunststofftüte, Meterstab

Arbeitsauftrag:

a) Suche im Wald eine ungestörte Streuschichtstelle und untersuche, wie dick die Streuschicht ist.

b) Entnimm aus einer Fläche von etwa 20 cm x 20 cm die Streuschicht und gib sie in die Kunststofftüte. Achte darauf, dass Material aus der gesamten Streuschicht dabei ist.

V2 Dokumentation der Abbaustadien in der Streuschicht

Material:

Flache Wanne oder große Petrischale, Zeitungspapier, Pflanzenpresse oder dicke Bücher zum Beschweren, Zeichenkarton, durchsichtige Selbstklebefolie

Arbeitsauftrag:

a) Gib die Streuprobe von V1 in eine flache Wanne oder große Petrischale.

b) Suche unterschiedlich zersetzte Blätter heraus und presse sie zwischen Zeitungspapier.

c) Lege die gepressten Blätter so auf einen Zeichenkarton, dass eine Abfolge des Abbaus erkennbar ist.

d) Klebe die Blätter mit Selbstklebefolie fest.

V3 Untersuchung gut sichtbarer Tiere der Streuschicht

Material:

Streuprobe aus V2, mittelgroße Petrischale (Durchmesser etwa 12 cm), Federstahlpinzette, Schnappdeckelgläschen, leere Kunststofftüte, Lupe oder Stereolupe

Arbeitsauftrag:

a) Gib eine kleine Portion der Streuprobe in die Petrischale.

b) Durchsuche die Probe gründlich mit der Federstahlpinzette nach Bodentieren.

c) Greife die Tiere vorsichtig mit der Federstahlpinzette und gib sie in ein Schnappdeckelgläschen.

d) Gib die durchsuchte Probe in die Kunststofftüte.

e) Durchsuche weitere Portionen der Streuprobe.

f) Bestimme die gesammelten Tiere mithilfe einer Lupe und den Abbildungen im ► Bild 1.

Material A ▸ Untersuchung sehr kleiner Tiere der Streuschicht

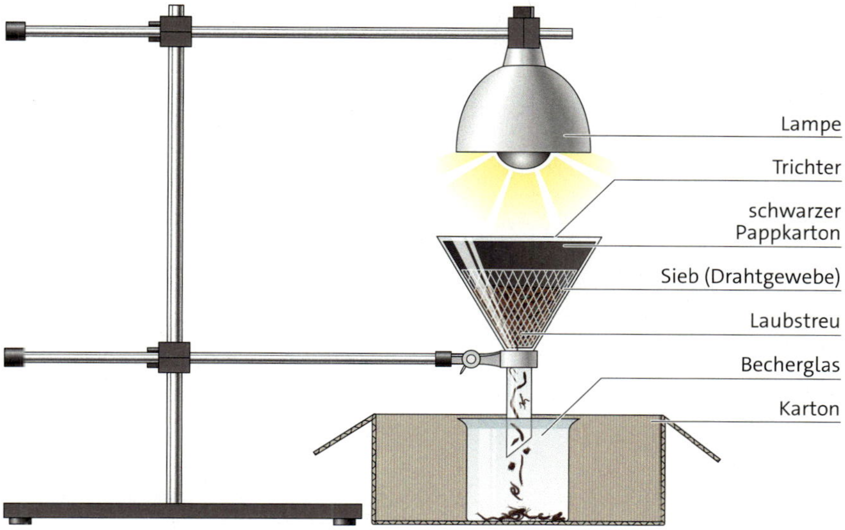

▸2 Berlese-Apparatur zur Untersuchung der Tiere der Streuschicht

Zum Sammeln der vielen sehr kleinen Tiere der Streuschicht eignet sich eine Apparatur wie im ▸ Bild 2.

A1 Beschreibe die Apparatur.

A2 Wenn man eine Streuprobe in den Trichter gibt, dann befinden sich nach einem Tag Bodentiere im Becherglas.
Erkläre, weshalb sich die Bodentiere im Becherglas ansammeln.
Erläutere die Funktion der Lampe, der schwarzen Pappe und des Kartons.

Material B ▸ Recycling der Streuschicht

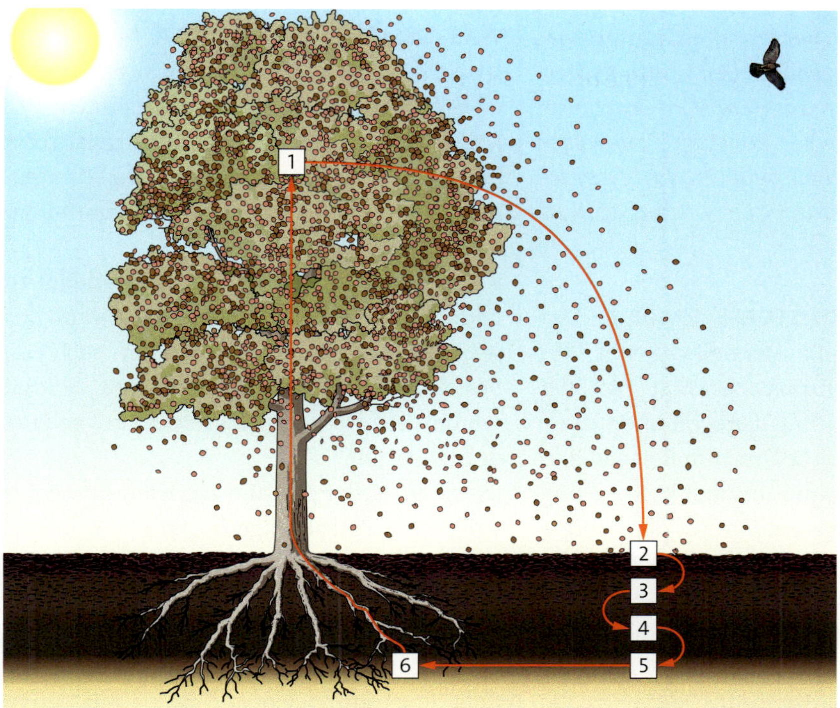

▸3 Recycling der Streuschicht

B1 Ordne die folgenden Sätze den Zahlen 1 bis 6 im ▸ Bild 3 zu: Schnecken und Asseln fressen Löcher in Blätter der Streuschicht. / Bäume nehmen einfache Ausgangsstoffe auf. / Springschwänze und Milben ernähren sich von sehr feinen Blattresten. / Bäume bilden im Frühjahr und Sommer Blätter. / Pilze und Bakterien zerlegen Blattreste und Humus in einfache Ausgangsstoffe. / Aus dem Kot der Bodentiere entsteht Humus.

B2 Erkläre den Begriff Recycling am Beispiel der Streuschicht.

B3 Stelle Vermutungen an, wie sich ein Wald verändern würde, wenn man jedes Jahr das frisch gefallene Laub entfernen würde.

►1 Einkaufstaschen aus Getränkekartons

Recycling – technisch

Für die Taschen wurden alte Getränkekartons wiederverwendet. Beim technischen Recycling werden aus dem Müll durch verschiedene Prozesse Rohstoffe zurückgewonnen, mit denen neue Produkte hergestellt werden. Warum ist es wichtig, Müll zu recyceln?

ENERGIE UND ROHSTOFFE SPAREN · Um die Rohstoffe für die Herstellung von Verpackungen zu gewinnen, benötigt man viel Energie. Beim Recycling dagegen ist deutlich weniger Energie nötig. Um zum Beispiel dieselbe Menge Aluminium durch Recycling herzustellen, ist nur ein Fünftel der Energie erforderlich, die sonst durch den Abbau in Bergwerken nötig ist. Viele Rohstoffe sind nur begrenzt vorhanden, sodass wir durch das Recycling Rohstoffe einsparen können. Vor allem jedoch wird durch das Recycling die Menge an Müll erheblich verringert.

WAS GESCHIEHT NACH DER MÜLLTRENNUNG? · Im ► Bild 2 siehst du, was alles aus dem getrennten Müll hergestellt wird:
Aus Altpapier werden Verpackungskartons, Schreibpapier, Zeitungen und Toilettenpapier hergestellt. 74 % des insgesamt anfallenden Papiers wird recycelt.
Altglas wird eingeschmolzen und wieder zu neuen Glasgefäßen verarbeitet. Damit das gelingt, ist es wichtig, die Flaschen nach Farben getrennt zu sammeln. In Deutschland werden über 85 % der Glasverpackungen wiederverwertet.
Bis zu 90 % der Metalle kann man wiederverwerten. Eisenhaltige Dosen und Kronkorken werden eingeschmolzen. Daraus können neue Dosen und Kronkorken hergestellt werden.
Verpackungen aus Aluminium werden ebenfalls eingeschmolzen und zu neuen Verpackungen verarbeitet.

Getränkekartons bestehen aus mehreren Schichten von Papier, Kunststoff und Aluminium. Um diese Schichten voneinander zu trennen, zerkleinert man die Kartons und weicht die Stücke in Wasser ein. Dadurch kann man das Papier vom Kunststoff und vom Aluminium trennen. Aus den Papierfasern stellt man neue Kartons her. Das Aluminium ist noch mit dem Kunststoff verbunden. Es wird bei der Herstellung von Zement verarbeitet. Insgesamt können 70 % der gesammelten Getränkeverpackungen wiederverwertet werden.
Etwa 50 % des Kunststoffmülls verarbeitet man zu neuen Produkten. Der Rest wird verbrannt. Aus den Kunststofftüten und Folien stellt man Mülltüten her.
Kunststoffverpackungen verarbeitet man zum Beispiel zu Blumentöpfen, Bodenbelägen und Abdeckungen in Autos.
98 % der gesammelten PET-Pfandflaschen werden wiederverwertet. Die Flaschen werden gewaschen, sortiert und zerkleinert. Diese PET-Flocken werden eingeschmolzen. Aus der Schmelze werden neue Flaschen gegossen, oder es werden daraus dünne Fäden gespritzt. Diese Fäden spinnt man zu Fasern, aus denen man Zelte, Taschen und Fleece-Pullover herstellt.

1 Gib an, welcher Müll die beste Recyclingquote hat. Vergleiche die Angaben zur Recyclingquote der verschiedenen Müllsorten (▸ Bild 2). Erstelle eine Tabelle.

▸2 Übersicht über Recyclingprodukte und Recyclingquoten

BLICKPUNKT

Problemmüll

►1 Energiesparlampen

►2 Müll kann giftige Stoffe enthalten.

Neben dem herkömmlichen Hausmüll gibt es noch den Problemmüll (► Bild 1, 2). Dieser enthält Stoffe, die wiederverwertet werden können, aber auch Stoffe, die umwelt- und gesundheitsschädlich sind. Diesen Müll musst du deshalb gesondert sammeln, damit er sachgerecht recycelt werden kann. Quecksilber ist zum Beispiel sehr schädlich. Es ist aber auch ein wichtiger Rohstoff für die Herstellung etwa von Energiesparlampen und elektronischen Bauteilen. Durch das Recycling kann das Quecksilber wiederverwertet werden und die Umwelt wird geschützt.

Recycling von Batterien und Akkus · Du verwendest in vielen tragbaren Geräten Akkus oder Batterien. Sie können giftige und umweltschädliche Metalle wie Quecksilber, Cadmium und Blei enthalten. Gleichzeitig sind diese Metalle wertvolle Rohstoffe, die nahezu vollständig für die Herstellung neuer Produkte verwendet werden können. Das Recycling schützt zum einen die Umwelt und spart zum anderen Rohstoffe. Deshalb sollst du Batterien und Akkus immer an einer Sammelstelle abgeben. Sammelboxen wie im ► Bild 3 findest du in allen Geschäften, in denen du Batterien kaufen kannst.

►3 Sammelbehälter für Batterien und Akkus

Recycling von Lampen · Energiesparlampen enthalten Quecksilber. Wenn du die Lampe einfach in den Restmüll wirfst, dann kann sie beschädigt werden. Da Quecksilber bei Zimmertemperatur verdampft, könnten die Menschen, die mit dem Restmüll in Berührung kommen, das Quecksilber einatmen. Ihre Gesundheit wäre dadurch gefährdet. Deshalb sollst du diese Lampen an den Sammelstellen abgeben. Beim Recycling gewinnt man das Quecksilber sicher zurück. Auch das Metall und das Glas werden wiederverwertet.

Recycling von Elektronikschrott · LED-Lampen, alte Handys, Fernseher, Stereoanlagen und alle weiteren elektrisch betriebenen Geräte gehören in die Sammlung für Elektronikschrott. Die elektronischen Bauteile enthalten neben Kupfer, Aluminium und Zinn, die zu 90 % wiederverwertet werden, auch Blei, Cadmium und Quecksilber und weitere giftige Stoffe. Die Wiederverwertung ist deshalb nicht so einfach.

In den Industrieländern fällt sehr viel Elektronikschrott an, da vor allem im Computer- und Handybereich ständig neue Produkte auf den Markt kommen. Durch das Recycling kann man die Müllmenge reduzieren und viele Rohstoffe wiederverwerten.

1 Überlege dir, wie du dazu beitragen kannst, die Menge an Problemmüll zu reduzieren. Erstelle eine Liste mit Ideen.

VERSUCHE ► Die Bestandteile eines Getränkekartons

►4 Geöffneter Getränkekarton

Ein Getränkekarton besteht aus mehreren Schichten von Papier, Kunststoff und Aluminium. Bei diesen Versuchen trennst du diese Schichten voneinander und untersuchst sie genauer.

Material:

Getränkekarton, warmes Wasser, Spülmittel, Schere, Sieb, Pinzette, Haartrockner, Kerze, Schutzbrille, Waage, Batterie (4,5 V), 3 Kabel mit Krokodilklemme, Glühlampe mit Fassung

V1 Materialien trennen

Arbeitsauftrag:

a) Schneide ein 20 cm x 10 cm großes Stück aus dem Getränkekarton heraus. Bestimme mit der Waage die Masse des Kartonstücks.
b) Zerschneide das Stück in 2 cm x 2 cm große Stücke.
c) Mische das warme Wasser mit etwas Spülmittel und lege die Stücke für zehn Minuten hinein. Versuche anschließend die einzelnen Schichten voneinander zu trennen.
Gib an, wie viele Schichten du voneinander trennen kannst und woraus diese Schichten bestehen.
d) Lege die Papierschichten in das Sieb und trockne sie mit dem Haartrockner. Bestimme durch Wiegen den Anteil an Papierfasern am Getränkekarton.

V2 Material untersuchen

Aus V1 übrig ist ein silbrig glänzendes Stück. Es sieht aus wie Aluminium. Wenn es Aluminium ist, dann muss es elektrischen Strom leiten.

Arbeitsauftrag:

a) Untersuche, ob dieses Stück elektrischen Strom leitet.
b) Wenn es den Strom nicht leitet, dann ist das silbrige Stück vielleicht mit Kunststoff beschichtet. Halte das Stück mit der Pinzette in die Kerzenflamme. Teste danach, ob die silbrige Schicht nun den elektrischen Strom leitet.
c) Erkläre deine Beobachtung.

VERSUCHE ► Recycling von Joghurtbechern

►5 Joghurtbecher als Ausgangsstoff für neue Produkte?

V2 Sortenreinen, sauberen Kunststoffmüll kann man einschmelzen und zu brauchbarem neuen Kunststoff umformen. Du recycelst auf diese Weise Joghurtbecher.

Material:

Heizplatte, Ausstechform für Gebäck, Aluminiumfolie, Schere, saubere Joghurtbecher (PP/PE)

Arbeitsauftrag:

a) Schneide die Becher mit der Schere in kleine Stücke.
b) Lege Aluminiumfolie glatt über die kalte Heizplatte. Lege die Ausstechform darauf und kleide sie mit zwei Schichten Aluminiumfolie aus. Fülle zerkleinerte Joghurtbecherstücke ein, bis die Form vollständig gefüllt ist.
c) Schalte die Heizplatte ein und erhitze den Kunststoff, bis er geschmolzen ist.
Achtung! Heizplatte und Form werden sehr heiß! Nicht anfassen!
d) Schalte die Heizplatte aus und lasse den Kunststoff in der Form abkühlen. Nimm ihn dann heraus.

Stoffe haben verschiedene Eigenschaften

Um verschiedene Materialien voneinander zu trennen, nutzt man die unterschiedlichen Eigenschaften von Materialien aus.

Mechanische **Trennverfahren:** Beim Sieben, Schlämmen oder bei der Schwimmtrennung nutzt man aus, dass die Gemische aus Bestandteilen unterschiedlicher Größe oder unterschiedlicher Dichte bestehen.

Magnete wirken auf Gegenstände, die Eisen enthalten. Gegenstände, die Eisen enthalten, nennt man **ferromagnetisch.** Ein Magnet und ein eisenhaltiger Gegenstand ziehen sich gegenseitig an.

Magnetpole: Jeder Magnet hat einen magnetischen **Nordpol** und einen magnetischen **Südpol.** An den Polen ist der Magnet am stärksten.

Polregel: Gleiche Pole stoßen sich ab, ungleiche Pole ziehen sich an.

Ein **Elektromagnet** besteht aus einer Spule und einem Eisenkern. Die stromdurchflossene Spule wirkt wie ein Magnet. Diese Wirkung wird durch den Eisenkern verstärkt.

Elektrischer Stromkreis: Ein elektrischer Strom fließt nur dann, wenn der Stromkreis geschlossen ist. Dabei wird Energie von der Batterie zur Lampe transportiert.

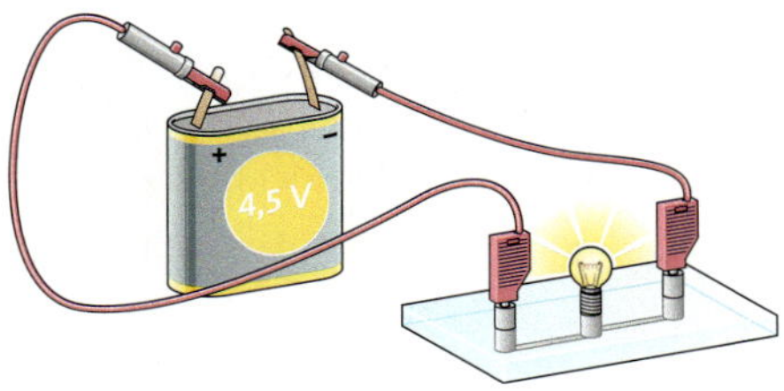

▸1 Ein einfacher Stromkreis

Spannungsangaben: Die Spannungsangaben auf elektrischer Quelle und elektrischem Gerät müssen so gut wie möglich übereinstimmen, damit das elektrische Gerät funktioniert und nicht zerstört wird.

Kurzschluss: Wenn du die beiden Pole der elektrischen Energiequelle durch ein Kabel direkt miteinander verbindest, fließt ein starker Strom, der zum Erhitzen der Batterie und des Kabels führt. Die Batterie kann dadurch zerstört werden!

Schaltsymbole: Es ist sehr aufwendig, alle Teile einer Schaltung zu zeichnen. Deshalb verwendet man Symbole, mit denen man eine Schaltung einfach und vor allem übersichtlich skizzieren kann.

Reihenschaltung: Elektrische Quelle und Lampen sind ohne Verzweigung hintereinander geschaltet (▸ Bild 2 A).

Parallelschaltung: Zwei Lampen sind so in einen Stromkreis geschaltet, dass jede Lampe einen eigenen Stromkreis hat (▸ Bild 2 B).

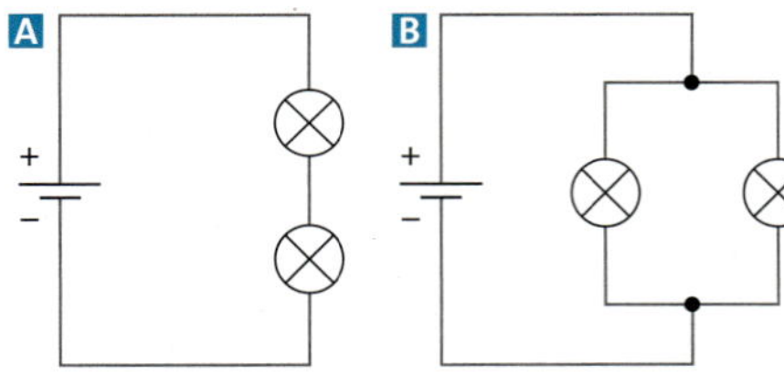

▸2 **A** Reihenschaltung, **B** Parallelschaltung

Rohstoffe recyceln

Rohstoffe **recyceln** bedeutet, die Rohstoffe aus Abfallprodukten wiederzuverwerten. Unser Abfall enthält wertvolle Materialien wie Papier, Eisen, Aluminium, verschiedene Kunststoffe, Holz usw. Zur Herstellung dieser Materialien werden

Rohstoffe und Energie benötigt. Es ist daher sinnvoll, möglichst viele dieser Materialien wiederzuverwerten, um daraus neue Produkte herzustellen.

Mülltrennung: Meistens wird der Abfall in die folgenden Abfallarten getrennt: Papier und Pappe, Wertstoffmüll, Biomüll, Restmüll, Glas und Problemmüll. Für jede Abfallart gibt es eine bestimmte Tonne oder einen Sammelbehälter oder eine sonstige Möglichkeit der Entsorgung.

Abfallvermeidung: Die Wiederverwertung von Abfall ist gut. Besser ist es, Müll oder Abfall zu vermeiden. Das spart noch mehr Energie und Rohstoffe.

Biologisches Recycling: Der Waldboden ist ein sehr effektives Recyclingsystem. Nach etwa ein bis drei Jahren ist das frisch gefallene Laub vollständig zersetzt. Es kann dann von der Pflanze wiederverwertet werden.

Streuschicht: So nennt man die aus Blättern bestehende Schicht des Waldbodens. In der Streuschicht befinden sich zahlreiche winzige Organismen, die das Laub in seine Ausgangsstoffe zerlegen.

Technisches Recycling: Durch technische Verfahren wird der Abfall in seine Rohstoffe zerlegt und zur Herstellung neuer Produkte verwendet. Das ist teilweise sehr aufwendig, spart aber Energie und Rohstoffe und verringert die Mengen an zu deponierendem Müll.

Problemmüll: Dieser enthält Stoffe, die wiederverwertet werden können, aber auch Stoffe, die umwelt- und gesundheitsschädlich sind. Dieser Müll muss gesondert gesammelt werden, damit er sachgerecht recycelt werden kann.

Überprüfe dich selbst:

Kann ich ...

... verschiedene Trennverfahren zur Stofftrennung erläutern und Beispiele dafür nennen? (S. 52 f., 58 f., 68, 70)

... die Bestandteile des Hausmülls nach Wertstoffen trennen? (S. 54)

... erläutern, weshalb Abfallvermeidung besser als Abfallverwertung ist? (S. 56)

... Beispiele nennen, wie ich im Alltag weniger Abfall produzieren kann? (S. 56)

... beschreiben, wie ein Elektromagnet zur Mülltrennung eingesetzt werden kann? (S. 62, 70)

... einen einfachen Elektromagneten herstellen und die Funktionsweise beschreiben? (S. 62, 65)

... die Gefahrenhinweise für den Umgang mit elektrischem Strom erläutern? (S. 67)

... ein Experiment planen und durchführen, mit dem man untersuchen kann, ob ein Gegenstand den Strom leitet? (S. 68 f.)

... anhand von Beispielen aus Natur und Technik erläutern, was man unter Recycling versteht? (S. 74 f., 78 f., 80)

... erklären, weshalb es sinnvoll ist, Rohstoffe zu recyceln? (S. 78 f., 80)

... Möglichkeiten des technischen Recyclings beschreiben? (S. 78 f.)

... einen Getränkekarton in seine Bestandteile trennen? (S. 81)

... Beispiele für Problemmüll nennen? (S. 80)

... begründen, warum man Problemmüll gesondert sammeln muss? (S. 80)

Energie effizient nutzen

In diesem Kapitel beschäftigst du dich mit

- der Energie. Du weißt, dass Energie überall eine Rolle spielt. Du erfährst etwas über die Eigenschaften und über die Herkunft der Energie. Darüber hinaus erfährst du, welche Bedeutung die Energie in der Technik und bei der Ernährung hat.

- der Verbrennung. Du lernst dabei, was Verbrennung und Energie miteinander zu tun haben. Du erfährst, wie man ein Feuer entzünden und auch wieder löschen kann.

- der Übertragung von Energie. Du lernst anhand vieler Beispiele, wie man Energie übertragen kann. Du erfährst, was Energie mit Temperatur und Wärmedämmung zu tun hat.

▸1 Überall spielt Energie eine wichtige Rolle.

Jeder braucht Energie

Alles scheint selbstverständlich: Jeden Tag zu essen, elektrischer Strom jederzeit verfügbar, jeden Morgen fährt der Bus zur Schule, bei Kälte wird geheizt. – Was haben all diese Dinge miteinander zu tun?

Du hast sicher schon von der Energie gehört. Ohne Energie funktionieren alle unsere Geräte nicht. Ohne Energie wäre es kalt und dunkel in der Wohnung. Ohne Energie können Tiere, Pflanzen und auch du nicht leben.

WOZU BRAUCHEN WIR ENERGIE? · Energie benötigt man zum Betrieb von elektrischen Geräten, zum Heizen und Beleuchten der Wohnung, zur Fortbewegung mittels Auto, Bahn, Flugzeug oder Schiff. Und auch alle Lebewesen benötigen Energie. Du brauchst sie zum Laufen, Radfahren, Denken; kurz: zum Leben. Tiere und Pflanzen benötigen ebenfalls Energie, um leben zu können.

WIE BEKOMMEN GERÄTE UND LEBEWESEN ENERGIE? · Ein Auto benötigt Benzin oder Diesel. Mit diesen Treibstoffen bekommt der Motor Energie. Zum Heizen benutzt man oft Öl oder Gas. Mit diesen Stoffen erhält die Heizung Energie.

Etwas anders ist es mit elektrischen Geräten: Sie bekommen die Energie nicht mit einem Stoff, sondern durch den elektrischen Strom. Menschen und Tiere erhalten die Energie über die Nahrung: In Nahrungsmitteln steckt also auch Energie.

Pflanzen können ohne Licht nicht leben. Sie bekommen die Energie mit dem Sonnenlicht.

SPEICHERN VON ENERGIE · In Benzin, Diesel und Gas ist Energie gespeichert. Die gespeicherte Energie kann man nutzen, indem man die Treibstoffe in einem Motor oder Kessel verbrennt. Damit kann man etwa ein Auto betreiben oder ein Haus heizen.

In Nahrungsmitteln ist ebenfalls Energie gespeichert. Sie enthalten Stärke, Zucker, Fett und Eiweiß. Mit diesen Nährstoffen nehmen wir Energie auf.
Batterien und Akkus enthalten Energie zum Betrieb von elektrischen Geräten, wie MP3-Player und Smartphone.

ÜBERTRAGEN VON ENERGIE · Beim Tanken fließt Benzin oder Diesel in den Tank. Dabei wird auch die darin enthaltene Energie in den Tank befördert (▸ Bild 2). Die Energie wird hier mit dem Treibstoff übertragen.

Oft wird die Energie aber nicht mit einem Stoff übertragen. Beim Fahrradfahren musst du kräftig in die Pedale treten. Über die Fahrradkette wird das Hinterrad angetrieben. Hier wird die Energie durch die umlaufende Kette übertragen (▸ Bild 3).
Die Energieübertragung durch den elektrischen Strom haben wir schon angesprochen (▸ Bild 4). Auch hier wird die Energie nicht mit einem Stoff übertragen.

Zum Betrieb von Maschinen und Geräten benötigt man Energie.
Lebewesen brauchen Energie zum Leben.
Energie lässt sich speichern.
Energie kann übertragen werden.

ANGABE VON ENERGIEMENGEN · Um angeben zu können, wie viel Energie zum Beispiel in einem Würfelzucker oder in einem Liter Benzin enthalten ist, braucht man eine Einheit für die Energie. Die Einheit der Energie ist ein Joule (1 J).

Ein Joule ist eine sehr kleine Energiemenge. Daher verwendet man oft das Tausendfache davon. Dies nennt man ein Kilojoule (1 kJ):

1000 J = 1 kJ.

Die Einheit für die Energie ist ein Joule (1 J) bzw. ein Kilojoule (1 kJ).

1 Nenne fünf Elektrogeräte und beschreibe, wozu sie Energie benötigen.

2 **a)** Verkehrsmittel bekommen ihre Energie auf unterschiedliche Weise. Nenne zehn Verkehrsmittel und beschreibe, wie sie die erforderliche Energie erhalten.
b) Informiere dich, wie die Heizungsanlage eurer Wohnung die nötige Energie bekommt.

3 Lebensmittelpackungen tragen in der Regel Angaben zum Energiegehalt. Gib an, wie viel Energie eine Tafel Schokolade, ein Liter Limonade oder Ähnliches und 100 g Käse oder Wurst enthalten.

▸5 Ein Stück Würfelzucker enthält 50 kJ Energie.

▸6 In einem Liter Benzin sind 35 000 kJ Energie enthalten.

▸2 Mit dem Benzin gelangt Energie in den Tank.

▸3 Durch die umlaufende Fahrradkette wird Energie auf das Hinterrad übertragen.

▸4 Durch den elektrischen Strom wird Energie auf das Gerät übertragen.

▸1 Bäume brauchen Sonnenlicht.

▸2 Bergsteigerunterkunft mit Solarzellen.

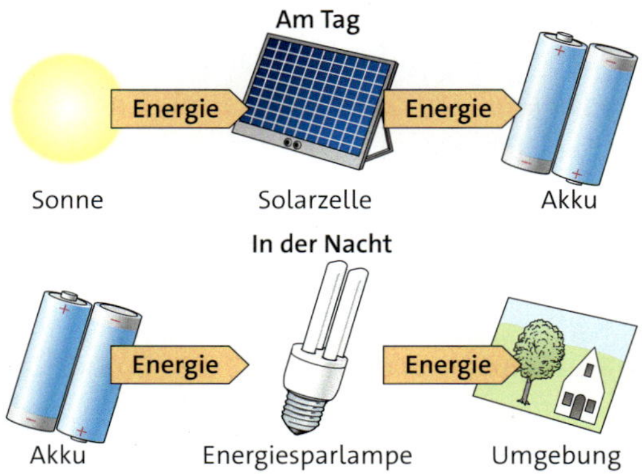

▸3 Energieflussdiagramm im Solarhaus.

ENERGIE VON DER SONNE · Die Sonne ist der wichtigste Energielieferant für das Leben auf der Erde. Ohne die Energie der Sonne können die Bäume nicht leben (▸ Bild 1). Auch der Mensch nutzt die Sonnenenergie, zum Beispiel für die Bergsteigerunterkunft ohne Stromanschluss hoch oben in den Bergen.

ENERGIEÜBERTRAGUNG DURCH LICHT · Vielleicht fragst du dich, wie die Energie von der Sonne bis zur Erde kommt. Es gibt dabei keinen Stoff, der die Energie von der Sonne zur Erde transportiert. Das Licht selbst überträgt die Energie! Und das über eine Entfernung von 150 Millionen Kilometern! Diese Energieübertragung funktioniert sogar im luftleeren Raum. Nicht nur das Sonnenlicht überträgt Energie, auch durch Licht von Feuer und Lampen wird Energie übertragen.

Die Sonne ist der wichtigste Energielieferant für die Erde. Die Energie wird dabei durch das Licht übertragen.

BÄUME NUTZEN SONNENENERGIE · Die Blätter der Bäume enthalten kleine „chemische Fabriken". Damit können sie die Energie des Sonnenlichts nutzen, um aus bestimmten Ausgangsstoffen energiereiche Stoffe wie Stärke herzustellen. Die Energie steckt dann in diesen Stoffen. Die Bäume speichern die energiereichen Stoffe. Nachts, wenn die Sonne nicht scheint, oder im Winter, wenn die Bäume keine Blätter haben, können sie daraus die Energie wieder entnehmen.

SONNE UND ELEKTRIZITÄT · Die Bergsteigerunterkunft im ▸ Bild 2 hat Solarzellen zur Nutzung der Sonnenenergie. Die Solarzellen bekommen die Energie ebenfalls durch das Sonnenlicht. Sie stellen daraus aber keine Stoffe her, sondern geben die Energie durch den elektrischen Strom ab. Die abgegebene Energie kann zum Betrieb von elektrischen Geräten verwendet werden. Energie, die nicht gleich gebraucht wird, wird in einem Akku gespeichert. Aus dem Akku kann die Energie jederzeit wieder entnommen werden, auch nachts, wenn die Sonne nicht scheint.

ENERGIEFLUSSDIAGRAMME · Um den Weg der Energie übersichtlich darzustellen, eignet sich ein sogenanntes Energieflussdiagramm. ▸ Bild 3 zeigt dies am Beispiel der Bergsteigerunterkunft mit Solarzellen und Akku.

1 Zeichne ein Energieflussdiagramm für die Energieübertragung von der Sonne über die Blätter bis zu den energiereichen Stoffen der Bäume.

BLICKPUNKT

Energiewandler

Die Solarzelle · Eine Solarzelle erhält die Energie durch das Licht und gibt sie durch den elektrischen Strom wieder ab (► Bild 4). Sie ist ein Beispiel für einen Energiewandler. Das sind Geräte, die die Energie auf eine bestimmte Weise bekommen und auf eine andere Weise gleich wieder abgeben.

Die Leuchtdiode · Bei der Leuchtdiode, kurz LED, ist es genau umgekehrt wie bei der Solarzelle (► Bild 5). Die LED erhält die Energie durch den elektrischen Strom und gibt sie durch das Licht wieder ab. Der leuchtende Teil einer LED strahlt immer nur einfarbiges Licht aus. Es gibt sie für rotes, gelbes, grünes und blaues Licht. LEDs für weißes Licht arbeiten mit einem Trick: Sie strahlen gleichzeitig blaues und gelbes Licht aus, dadurch entsteht der Farbeindruck weiß. LED-Lampen nutzen die zugeführte Energie im Vergleich zu den früher verwendeten Glühlampen besonders gut aus. Daher werden immer mehr Glühlampen durch LED-Lampen ersetzt.

Der Elektromotor · Der Elektromotor ist ebenfalls ein Energiewandler (► Bild 6). Er bekommt die Energie wie die LED durch den elektrischen Strom. Mit dieser Energie wird die Drehachse angetrieben. Das Elektroauto im ► Bild 7 fährt auf diese Weise.

Der Generator · Den umgekehrten Energiewandler gibt es auch. Er heißt Generator. Er bekommt die Energie durch die Drehung der Achse. Elektromotor und Generator sind im Prinzip gleich aufgebaut. Daher kann man einen Motor meistens auch als Generator verwenden und umgekehrt. Dies nutzt man zum Beispiel beim Elektroauto aus: Beim Bremsen wird der Motor als Generator verwendet. Dabei nimmt er Energie auf und gibt sie mit dem elektrischen Strom wieder ab. Die abgegebene Energie wird in einem Akku gespeichert und kann später wieder genutzt werden.

Der Verbrennungsmotor · Die meisten Autos werden nicht von einem Elektromotor, sondern von einem Benzin- oder Dieselmotor angetrieben. Ein solcher Motor bekommt die Energie mit dem Benzin oder Diesel. Der Treibstoff wird im Motor explosionsartig verbrannt. Durch die sich ausdehnenden heißen Verbrennungsgase wird der Motor angetrieben. Im Gegensatz zum Elektromotor nutzt der Verbrennungsmotor die zugeführte Energie nur zu einem vergleichsweise kleinen Anteil.

2 Beschreibe die Energieübertragung eines Elektroautos
a) beim Beschleunigen,
b) beim Bremsen.

►4 Solarzelle

►5 Leuchtdioden (LEDs)

►6 Elektromotor

►7 Elektroauto

VERSUCHE ▸ Versuche mit dem Gummiantrieb

V1 Rolle mit Gummiantrieb

Du erkundest, wie die Energie eines gespannten Gummis als Antrieb genutzt werden kann.

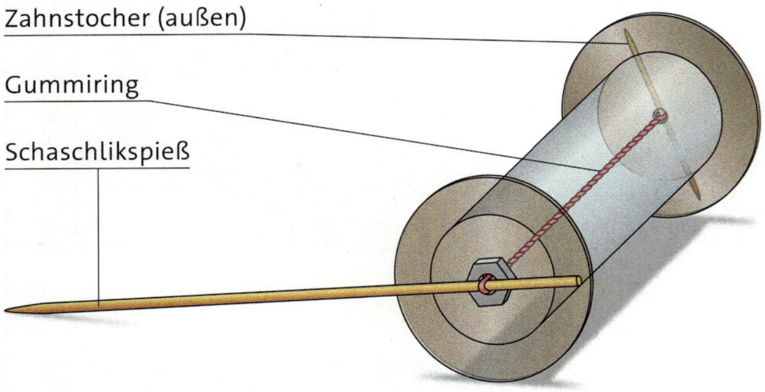

▸1 Rolle mit Gummiantrieb

Material:

Gummiring (etwa 7 cm lang), Toilettenpapierrolle, Schaschlikstab, Zahnstocher, Schraubenmutter, Karton, Lineal, Schere, Zirkel

Arbeitsauftrag:

a) Schneide zwei runde Scheiben (Durchmesser etwa 8 cm) aus dem Karton. Steche in die Mitte der Scheiben je ein Loch. Lege den Schaschlikstab durch den Gummiring. Ziehe den Gummi durch die Bauteile (▸Bild 1). Stecke den Zahnstocher hinter der zweiten Scheibe durch den Gummiring.

b) Spanne den Gummiring erst mit 5, dann mit 10, 20, ... Umdrehungen des Schaschlikstabs. Untersuche, nach wie vielen Umdrehungen die Rolle losfährt. Wie weit kommt die Rolle jeweils? Beschreibe weitere Beobachtungen.

c) Untersuche, auf welchen Untergründen (Fliesen, Teppich, Holz, ...) die Rolle am besten fährt. Wie verhält sie sich bei Unebenheiten? Fährt die Rolle bergauf?

d) Erkläre, wie die Energie in den Motor kommt und wo die Energie gespeichert ist.

Projekt ▸ Boot mit Gummiantrieb

Ziel:

Ein Boot, das mit einem Gummiantrieb über ein Planschbecken fährt.

Material:

kräftiger Gummiring, Plastiklöffel, Korken, Schaschlikstäbe, Zahnstocher, Draht, Schnur.

Arbeitsauftrag:

Plane ein Boot mit einem Gummiantrieb. Baue und teste das Boot. Verbessere das Boot, sodass es möglichst weit und möglichst gerade fährt.

Projekt ▸ Luftballonauto

Ziel:

Ein Fahrzeug, das mit einem Luftballon angetrieben wird und möglichst lange oder weit fährt.

Material:

Luftballon, Recyclingmaterialien wie Verpackungen und Deckel, Strohhalme, Spieße, Schlauchstück, Gummiring, ...

Arbeitsauftrag:

Plane das Fahrzeug. Überlege insbesondere, wie du die Düse gestaltest und wie du die Räder befestigst. Baue das Luftballonauto. Teste und verbessere es. Beschreibe dein Vorgehen.

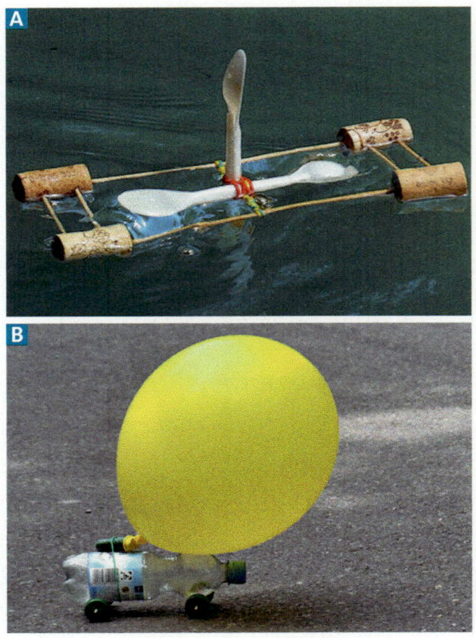

▸2 **A** Boot mit Gummiantrieb, **B** Luftballonauto

Material A ▸ Energiespeicherung und Energieübertragung

A1 Erkläre, woran du merkst, dass die folgenden Gegenstände Energie enthalten.

A2 Erkläre, wodurch in den abgebildeten Beispielen Energie übertragen wird.

A3 Erkläre, auf welche Art die folgenden Energiewandler Energie bekommen und abgeben.

Material B ▸ Energie im Alltag

Mutter:
„Verschwende nicht so viel Energie und schalte den Computer aus, wenn du gehst."

Schwester:
„Ich habe heute keine Energie um mit dir die Englisch-Vokabeln zu lernen."

Vater:
„Die steigenden Energiepreise machen meine Gehaltserhöhung zunichte."

Oma:
„Du sprühst ja vor Energie."

B1 Im Alltag wird das Wort Energie in ganz unterschiedlichen Zusammenhängen verwendet. Erläutere, was die Personen vermutlich meinen. Überlege dir, ob sie das Wort Energie im physikalischen Sinn verwenden.

B2 In der Alltagssprache geht es oft um Energie, auch wenn das Wort Energie gar nicht verwendet wird.
- „Trink die Milch aus, die gibt Kraft."
- „Die Sahne lasse ich weg, die hat zu viele Kalorien."
- „Der alte Kühlschrank braucht zu viel Strom."

Suche weitere solche Beispiele.

B3 a) Welche Rolle spielt die Energie in unserem Leben? Mithilfe einer Mindmap kannst du die Zusammenhänge übersichtlich darstellen. Das Bild rechts zeigt eine mögliche unvollständige Mindmap. Übertrage sie in dein Heft und ergänze sie.
b) Eine andere Fragestellung führt zu einer anderen Mindmap. Erstelle eine Mindmap zur Frage „Wie kann man Energie sparsam verwenden?"

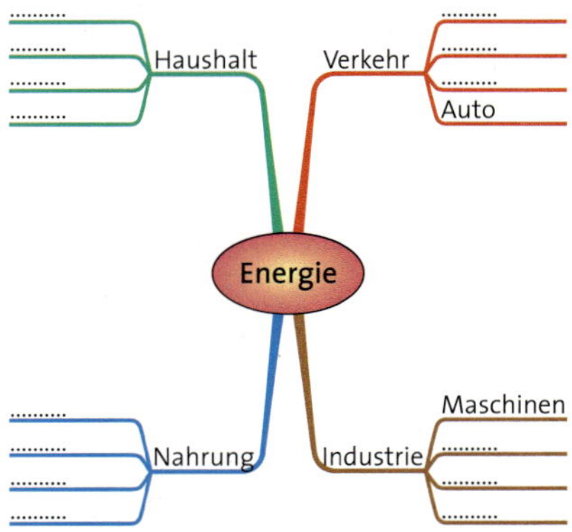

Material C ▸ Energieflussdiagramme

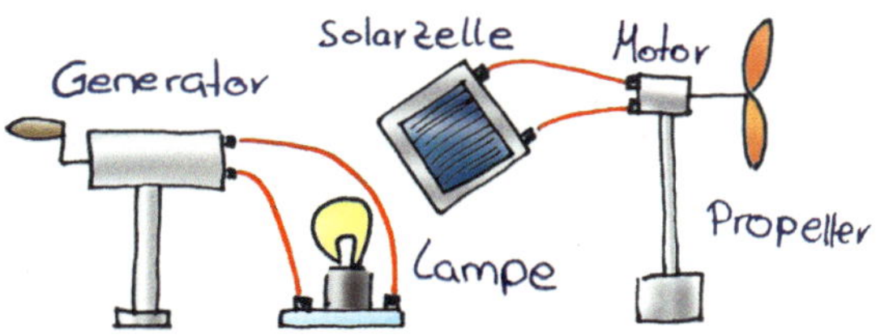

C1 Lea hat eine Energieübertragungskette gebaut und eine Zeichnung dazu gemacht (Bild links).
Übersetze diese Zeichnung in ein Energieflussdiagramm.

C2 Bilde aus den unten genannten Geräten drei unterschiedliche Energieübertragungsketten. Zeichne jeweils ein Energieflussdiagramm. Geräte: Motor, Akku, Lampe, Generator, Solarzelle.

►1 Sonnenuntergang über einem Getreidefeld

Energie von der Sonne in der Nahrung

Getreide ist seit Jahrtausenden unser wichtigstes Nahrungsmittel. Getreide ist der Hauptbestandteil von Brot, Brötchen, Teigwaren und Frühstücksflocken. Diese Nahrungsmittel sind sehr energiereich. Woher kommt die Energie und wie gelangt sie in das Getreide?

WAS BRAUCHT EINE PFLANZE? · Wenn du eine Zimmerpflanze hast, dann weißt du, dass sie in einer dunklen Ecke nicht wächst. Die Pflanze braucht Licht. Am besten wächst sie an einem hellen Fenster (► Bild 2). Du weißt auch, dass du die Pflanze regelmäßig gießen musst, denn sie braucht Wasser. Ab und zu musst du die Pflanze düngen. Mit dem Dünger gibst du ihr Mineralsalze. Dass die Pflanze auch Luft braucht, ist dir vielleicht noch nicht aufgefallen, da die Luft sowieso immer da ist.

►2 Eine Pflanze braucht Licht.

Eine Pflanze braucht zum Leben Licht, Wasser, Luft und Mineralsalze.

WIE BEKOMMT EINE PFLANZE ENERGIE? · Man könnte meinen, dass die Pflanze die Energie mit dem Dünger aufnimmt oder mit dem Wasser. Tatsächlich aber kommt die Energie von der Sonne und wird durch das Licht zur Erde übertragen. Wenn das Sonnenlicht auf die Blätter der Pflanze trifft, dann kann die Pflanze die Energie aufnehmen.

Pflanzen erhalten die benötigte Energie mit dem Sonnenlicht.

WAS GESCHIEHT MIT DER ENERGIE? · Sicher ist dir schon aufgefallen, dass Pflanzen normalerweise grüne Blätter, Nadeln oder andere grüne Bestandteile haben. Sie enthalten einen Farbstoff, den man Blattgrün nennt. Das Blattgrün nimmt die Energie des Sonnenlichts auf. Mit dieser Energie stellt die Pflanze aus energiearmen Ausgangsstoffen – im Wesentlichen Wasser und Kohlenstoffdioxid – energiereiche Stoffe her. Solche energiereichen Stoffe sind Stärke, Fett und Eiweiß, aber auch Zellulose. Die Pflanze braucht diese Stoffe für unterschiedliche Zwecke. Zellulose braucht sie zum Wachsen – die ganze Pflanze ist im Wesentlichen aus Zellulose aufgebaut. Stärke und Fett sind Speicher für Energie. Die Pflanze kann die Energie bei Bedarf daraus wieder entnehmen.

Eine Pflanze stellt mit der Energie des Sonnenlichts energiereiche Stoffe wie Stärke, Fett, Eiweiß und Zellulose her.

WO GENAU STECKT DIE ENERGIE? · Alle Teile der Weizenpflanze enthalten Energie: Der Stängel, die Blätter, die Wurzeln und natürlich die Körner. Dabei ist die Energie in unterschiedlichen Stoffen gespeichert. Im Stängel steckt die Energie hauptsächlich in der Zellulose. Die Körner enthalten als Energiespeicher Stärke, Fett und Eiweiß. Diese Stoffe kann der Mensch leicht verdauen, die Zellulose dagegen nicht. Deswegen werden von der Weizenpflanze nur die Körner verwendet. Zu Mehl gemahlen wird daraus zum Beispiel dein Pausenbrötchen hergestellt (▸ Bild 04). Wenn du das Brötchen isst, dann nimmst du die darin enthaltene Energie auf. Diese Energie stammt ursprünglich von der Sonne (▸ Bild 3).

WELCHE AUFGABE HAT DAS KORN? · Weizen ist eine Grassorte. Die Körner sind die Samen. Durch diese Samen vermehren sich die Gräser. Damit aber aus einem Samen eine Pflanze wächst, ist Energie erforderlich. Wenn die Pflanze gerade erst auskeimt, dann kann sie nur wenig Energie aus dem Sonnenlicht aufnehmen. Die benötigte Energie erhält der Keimling aus dem Samen. Deswegen sind die Weizenkörner so energiereich.

WARUM SIND DIE KÖRNER SO GROSS? · Bevor der Mensch Ackerbau betrieben hat, hat er die kleinen Samen der wild wachsenden Gräser gesammelt und gegessen. Dann begann er, die Gräser anzubauen und zu vermehren. Durch Zucht wurde erreicht, dass die Gräser nach und nach immer größere Körner bildeten. Dadurch sind aus den Wildgräsern unsere heutigen Getreidearten Weizen, Roggen, Gerste und Hafer entstanden.

1 Erkläre, warum eine Pflanze ohne Licht nicht wachsen kann.

▸**3** Der Weg der Energie von der Sonne über die Weizenpflanze und das Brötchen zu dir.

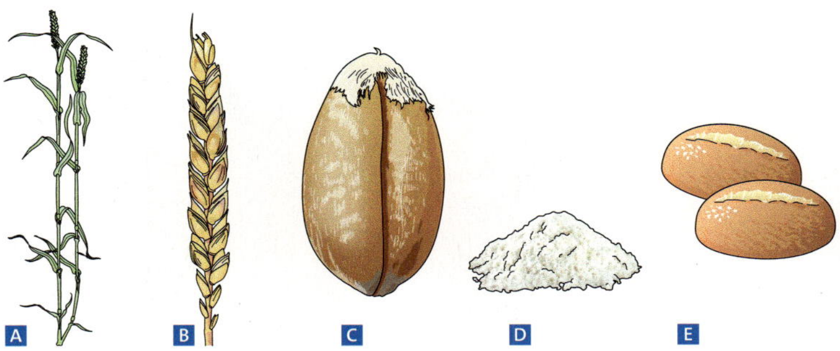

▸**4** Vom Weizen zum Brötchen: **A** Weizenpfanze, **B** Ähre, **C** Korn, **D** Mehl, **E** Brötchen

BLICKPUNKT

Energie und Ernährung

Auch wenn du schläfst, benötigt dein Körper Energie: Für die Atmung, den Herzschlag, die Versorgung des Gehirns und der anderen Organe und für vieles mehr. Diesen Energiebedarf nennt man **Grundbedarf.** Er hängt von deiner Körpergröße, deinem Alter und deinem Geschlecht ab. Zusätzlich benötigt dein Körper Energie, wenn du dich bewegst oder wenn du denkst. Dieser zusätzliche Energiebedarf heißt **Leistungsbedarf.** Er hängt davon ab, wie stark du dich bewegst, wie schwer du körperlich arbeitest bzw. wie anstrengend du denkst.

Statt Grund- und Leistungsbedarf sagt man auch Grund- und Leistungsumsatz.

Grundbedarf und Leistungsbedarf zusammen ergeben den tatsächlichen Energiebedarf. Die Energie musst du mit der Nahrung aufnehmen. Wenn du über längere Zeit zu wenig oder zu viel Energie aufnimmst, dann schadest du deinem Körper.

Die Energieangabe von Lebensmitteln bezieht sich in der Regel auf 100 g. Sie wird offiziell in Kilojoule (kurz: kJ) angegeben. Allerdings findet man meistens auch noch die alte Einheit Kilokalorie (kurz: kcal). Dabei gilt die Umrechnung: 1 kcal = 4,19 kJ.

Im Alltag ist man oft nachlässig und sagt statt Kilokalorien einfach Kalorien.

►1 Leckere Brötchen

Gesunde Ernährung · Für eine gesunde Ernährung ist nicht nur die Energie entscheidend. Es kommt auch auf die Zusammensetzung der aufgenommenen Stoffe an.

Stärke, Zucker und Fett benötigst du vor allem zur Energiezufuhr. Die in Zucker enthaltene Energie kann sehr schnell genutzt werden. Deshalb kannst du mit einem Stück Traubenzucker deinem Körper schnell Energie zuführen.

Eiweiß enthält zwar auch Energie. Es ist aber vor allem wegen seiner Bausteine wichtig. Du benötigst diese Bausteine für den Aufbau von Zellen in Muskeln, Knochen und Organen.

Damit dein Körper richtig funktioniert, benötigt er noch eine Reihe von Vitaminen und Mineralstoffen. Vitamine sorgen für einen geregelten Ablauf vieler Vorgänge im Körper. Mineralstoffe sind zum Beispiel für die Blut- und Knochenbildung notwendig.

Um mit allen wichtigen Stoffen ausreichend versorgt zu sein, solltest du auf eine ausgewogene Ernährung achten. Die Grundlage dazu bilden Getreideprodukte, Kartoffeln sowie viel Gemüse und Obst. Dann kommen Milchprodukte, Fleisch, Fisch und Eier. Süßigkeiten, süße Getränke und Knabberzeug solltest du nur wenig zu dir nehmen.

Am besten bereitet man die Mahlzeiten aus möglichst naturbelassenen Zutaten selbst zu. Fertignahrungsmittel enthalten oft minderwertige Grundstoffe, ungesunde Zusatzstoffe sowie zu viel Zucker, Salz und Fett.

VERSUCHE ► Welche Lebensmittel enthalten Stärke?

Material:

kleine Petrischalen, Spatellöffel, Iod-Lösung in einem Tropffläschchen, Speisestärke, verschiedene Lebensmittel, zum Beispiel Kartoffel, Apfel, Joghurt, Banane, Reis

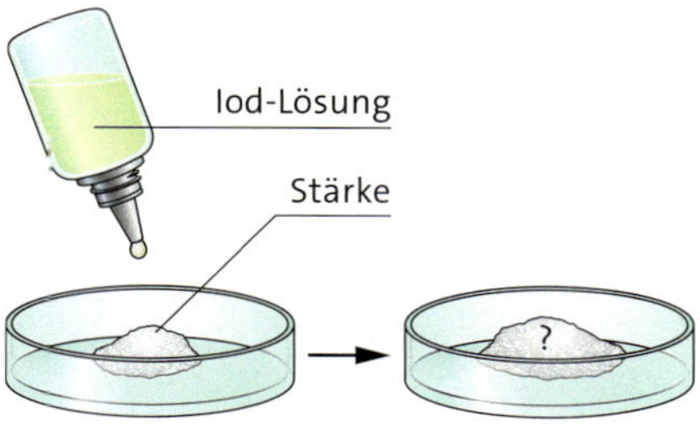

►2 Nachweis von Stärke

V1 Nachweis von Stärke

Arbeitsauftrag:

a) Gib in eine Petrischale einen Spatellöffel Speisestärke und tropfe drei Tropfen Iod-Lösung darauf (► Bild 2).
b) Beschreibe deine Beobachtung.

V2 Stärke in Lebensmitteln

Arbeitsauftrag:

a) Gib kleine Proben verschiedener Lebensmittel in Petrischalen und tropfe drei Tropfen Iod-Lösung darauf.
b) Notiere, welche Lebensmittel Stärke enthalten.

Material A ► Stärkebildung in Laubblättern

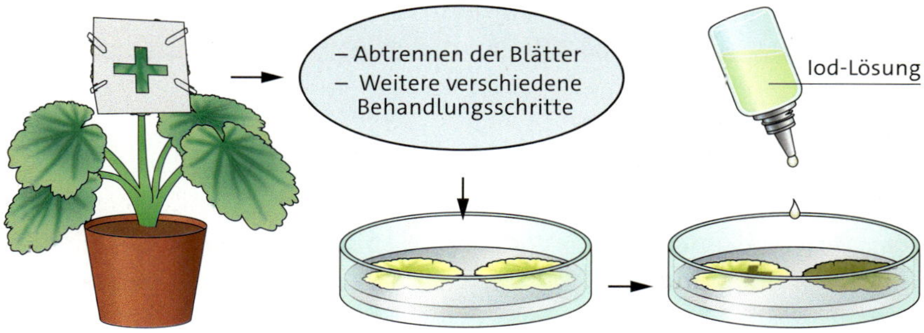

►3 Versuch zur Stärkebildung

Im ► Bild 3 sind drei wesentliche Schritte eines Versuchs zur Stärkebildung in Laubblättern dargestellt.

A1 Beschreibe den Versuch anhand der Abbildungen.

A2 Erkläre, weshalb die Pflanze vor dem Stärkenachweis belichtet wurde.

A3 Erkläre das Versuchsergebnis.

Material B ► Energie und Ernährung

mittelgroße Banane ohne Schale ca. 100 g	
Energie	402 kJ
Wasser	74,8 g
Zucker	22,5 g
Eiweiß	1,1 g
Fett	0,2 g
Anderes	0,4 g

- Durchschnittlicher Energiebedarf am Tag: Mädchen 9 000 kJ, Jungen 10 000 kJ
- Energiebedarf für eine Stunde Dauerlauf: 3 200 kJ

B1 Erkläre, woher eine Banane ihre Energie bekommt.

B2 Berechne, wie viele Bananen ein Marathonläufer bei drei Stunden Dauerlauf benötigt, um seinen Energiebedarf zu decken. Berechne, wie viele Bananen du täglich benötigen würdest.

B3 Erkläre, weshalb es nicht gesund wäre, nur Bananen zu essen.

▸1 Verschiedene Kraftwerke

Nutzung der Energie von der Sonne

Haushalte, Fabriken, Verkehr – unser Energiebedarf ist unvorstellbar groß. Doch woher stammt eigentlich die dafür nötige Energie? Wie wird die Energie technisch genutzt? Und welche Folgen hat dies für die Umwelt?

SONNE · Die Energie der Sonne kann man mithilfe von Solarzellen direkt nutzen (▸ Bild 1 A). Die Solarzellen erhalten die Energie durch das Licht der Sonne und geben sie durch den elektrischen Strom wieder ab – das weißt du schon.

WIND · Windenergieanlagen werden durch den Wind angetrieben (▸ Bild 1 B). Sie nutzen die Energie, die in der sich bewegenden Luft steckt. Über einen Rotor wird ein Generator angetrieben. Dieser gibt die Energie durch den elektrischen Strom wieder ab.

WASSER · Sich bewegendes Wasser überträgt ebenfalls Energie. Diese Energie nutzt man in Wasserkraftwerken (▸ Bild 1 C). Das strömende Wasser wird durch eine Turbine geführt. Diese treibt einen Generator an, der die Energie durch den Strom abgibt (▸ Bild 2).

KOHLE, ÖL UND GAS · Ein großer Teil der elektrischen Energieversorgung beruht auf Kraftwerken, in denen Kohle, Erdöl oder Erdgas verbrannt wird (▸ Bild 1 D). Den Aufbau eines Kohlekraftwerks zeigt ▸ Bild 3. Im Kesselhaus wird Kohle verbrannt. Das heiße Verbrennungsgas erhitzt Wasser. Dabei entsteht heißer Wasserdampf. Dieser treibt eine Dampfturbine an. Die Turbine treibt wiederum den Generator an. – Ein großer Nachteil von solchen Kraftwerken ist, dass bei der Verbrennung schädliche Gase entstehen, die das Klima der Erde verändern.

ERNEUERBAR ODER NICHT? · Kohle, Erdöl und Erdgas sind vor Millionen Jahren aus abgestorbenen Pflanzen und Tieren entstanden. Zu ihren Lebzeiten haben die Pflanzen und Tiere Energie aufgenommen, die sie direkt oder indirekt von der Sonne erhalten haben. Die Energie ist nun in der Kohle, im Öl oder Gas gespeichert. Die Menschheit verbrennt diese Energierohstoffe in wenigen hundert Jahren, also sehr viel schneller, als sie sich nachbilden können. Man sagt, Kohle, Öl und Gas sind nicht erneuerbar. Im Gegensatz dazu wird die Energie der Sonne, des Windes und des Wassers ständig nachgeliefert. Diese Energie ist erneuerbar.

Die Energie der Sonne, des Windes und des Wassers ist erneuerbar.
Die Energie von Kohle, Erdöl und Erdgas ist nicht erneuerbar.

URSPRUNG DER ENERGIE · Solarzellen nutzen die Energie der Sonne – das ist klar! Aber auch die Energie des fließenden Wassers und der strömenden Luft kommt letztlich von der Sonne. Sie treibt den Wasserkreislauf der Erde an. Durch die Energie der Sonne wird die Oberfläche der Meere erwärmt. Dadurch verdunstet Wasser, steigt als Wasserdampf auf, kondensiert in großer Höhe und bildet Wolken. Ein Teil der Wolken regnet sich über dem Land ab. Das Wasser fließt durch Bäche und Flüsse wieder zum Meer.

ENTSTEHUNG DER WINDE · Winde entstehen auf ähnliche Weise wie der Wasserkreislauf. Durch die Energie der Sonne wird die Erdoberfläche erwärmt. Dadurch erwärmt sich die Luft über dem Boden, steigt auf und zwingt kalte Luft zum Absinken. So entstehen Hoch- und Tiefdruckgebiete. Der Druckunterschied lässt die Luft vom Hoch- ins Tiefdruckgebiet fließen. Es entsteht Wind.

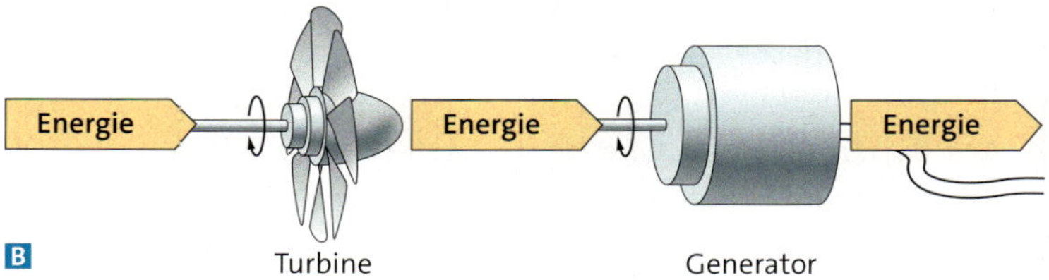

▸2 Laufwasserkraftwerk: **A** Aufbau, **B** Energieflussdiagramm

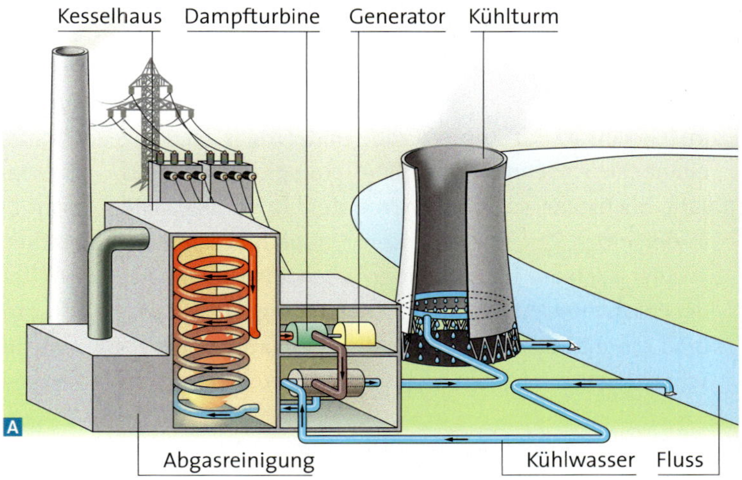

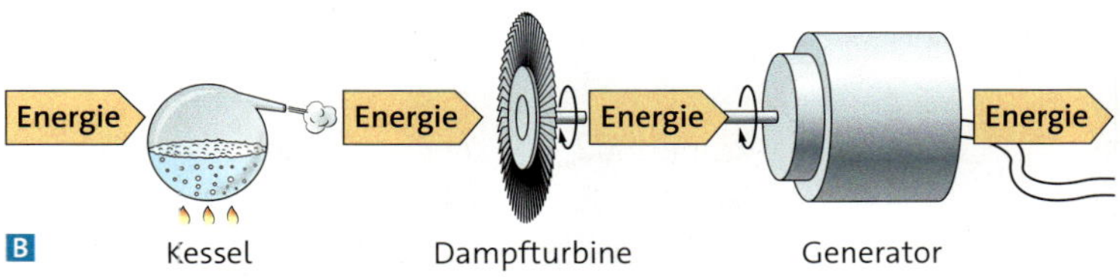

▸3 Kohlekraftwerk: **A** Aufbau, **B** Energieflussdiagramm

1 Nenne die Energiewandler einer Windenergieanlage.

2 Erkläre den Unterschied zwischen erneuerbarer und nicht erneuerbarer Energie.

BLICKPUNKT

Energie aus Nutzpflanzen

Die Nutzung von Kohle, Erdöl und Erdgas hat zwei entscheidende Nachteile: Erstens bilden sich diese Energierohstoffe längst nicht so schnell nach, wie wir sie verbrauchen. Zweitens entstehen bei der Verbrennung schädliche Gase. Besonders problematisch ist das Gas Kohlenstoffdioxid (CO_2). Es führt zu einer Verstärkung des sogenannten Treibhauseffekts. Dadurch wird es auf der Erde immer wärmer.

Aus diesen Gründen wird heute nach anderen Energierohstoffen Ausschau gehalten. Eine Möglichkeit ist die Nutzung der Energie, die in nachwachsenden Pflanzen steckt. Der wichtigste solche Energierohstoff ist Holz (► Bild 1). Um die im Holz gespeicherte Energie zu nutzen, wird das Holz verbrannt. Mit den dabei entstehenden heißen Gasen kann man ein Haus heizen oder ein Kraftwerk betreiben.

Im Gegensatz zu Kohle, Erdöl und Erdgas ist Holz ein nachwachsender Rohstoff. Allerdings dürfen jedes Jahr höchstens so viele Bäume gefällt werden, wie in derselben Zeit nachwachsen. Dadurch bleiben die Wälder auch auf lange Sicht erhalten. Eine solche Art der Forstwirtschaft nennt man nachhaltig. In Deutschland schreibt das Waldgesetz die nachhaltige Bewirtschaftung vor. In vielen anderen Ländern aber wird so viel Holz geschlagen, dass die Wälder immer mehr verschwinden.

Außer Holz werden auch andere pflanzliche Energierohstoffe genutzt (► Bild 2). Mais und Weizen kann man in Kraftwerken wie Holz nutzen. In Biogasanlagen entsteht bei der Vergärung von Mais- und Getreidepflanzen ein brennbares Gas. Aus Zuckerrüben wird Bioethanol hergestellt, das man wie Benzin verwendet. Das Öl, das man aus den Samen von Raps gewinnt, kann man zu Biodiesel weiterverarbeiten. Wenn man heute an der Tankstelle Benzin oder Diesel tankt, dann stammt bis zu 10 % des Sprits von Pflanzen.

Mais, Weizen, Rüben, Raps – die daraus gewonnene Energie ist erneuerbar. Dies ist ein wichtiger Vorteil gegenüber Kohle und Erdöl. Allerdings bringt die Nutzung von Pflanzen für die Energieversorgung auch Nachteile mit sich: Erstens sind die landwirtschaftlich nutzbaren Flächen der Erde begrenzt. Man kann darauf nicht beliebig viele Pflanzen für die Nahrungsmittelproduktion und für die Energieversorgung anbauen. Zweitens wird für Anbau, Ernte und Verarbeitung der Pflanzen selbst Energie benötigt. Drittens benötigt man durch den großflächigen Anbau von Energiepflanzen viel Kunstdünger und Pflanzenschutzmittel.

►1 Holzschredder im Einsatz

►2 Maisernte

VERSUCHE ▸ Energie von der Sonne und vom Wind

Du erkundest verschiedene Energiewandler zur Nutzung der Energie von der Sonne und vom Wind.

Material:

Solarzelle, leichtlaufender Motor mit Propeller, LED (low-current), Kabel, Klemmen, Föhn mit verschiedenen Stufen

V1 Solarzelle, Motor, Propeller

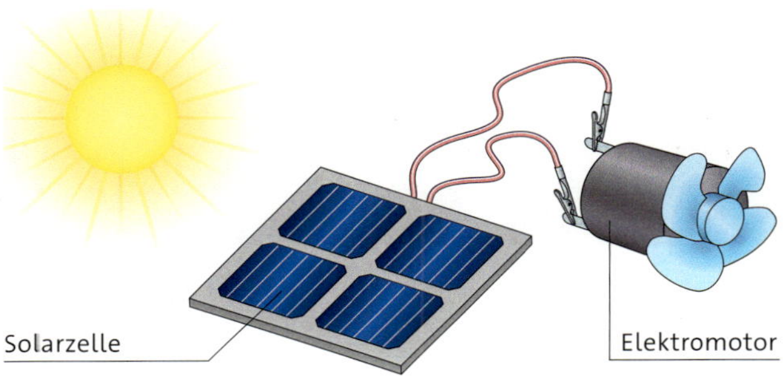

Arbeitsauftrag:

a) Schließe die Solarzelle an den Motor an. Halte die Solarzelle in das Sonnenlicht. Beschreibe deine Beobachtung. Zeichne ein Energieflussdiagramm.
b) Halte die Solarzelle schräg in das Sonnenlicht. Beschreibe deine Beobachtung. Erkläre.
c) Untersuche, ob die Solarzelle auch mit anderen Lichtquellen (Glühlampe, Energiesparlampe, LED-Lampe) betrieben werden kann.
d) Beschreibe dein Vorgehen.

V2 Rotor, Generator, LED

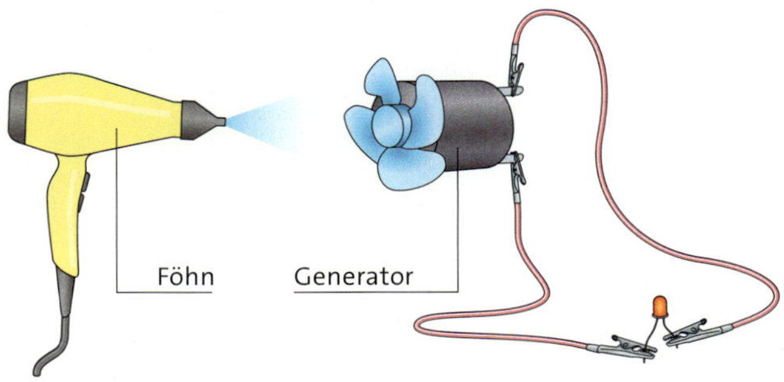

Arbeitsauftrag:

a) Verwende den Propeller als Rotor und den Motor als Generator. Schließe die LED an. Blase den Rotor mit dem Föhn an. Bringst du die LED zum Leuchten? Wenn nicht, vertausche die Kabel an der LED. Beschreibe deine Beobachtungen. Zeichne ein Energieflussdiagramm.
b) Untersuche den Einfluss der Gebläse- und Heizstufen. Von welchen Größen (Lufttemperatur, Windgeschwindigkeit) hängt die nutzbare Energie ab?

Material A ▸ Kraftwerke

Kraftwerke stellen Energie bereit, die durch den elektrischen Strom in die Häuser und Fabriken übertragen wird. Sie erhalten die Energie auf unterschiedliche Weise.

A1 a) Erläutere für einige Kraftwerkstypen, wodurch sie die nötige Energie erhalten.
b) Die Bezeichnung „Kraftwerk“ ist schlecht gewählt. Besser wäre „Energiewerk“. Begründe.

A2 a) Erläutere die Vor- und Nachteile der Nutzung von Sonne und Wind zur Energieversorgung.
b) Kohlekraftwerke können viel Energie bereitstellen. Erkläre, warum sie dennoch problematisch sind.

Material B ▸ Effizienter Umgang mit Energie

B1 a) Im ▸ Bild unten sind verschiedene Möglichkeiten zum effizienten Umgang mit Energie dargestellt. Beschreibe jeweils mit deinen eigenen Worten.
b) Informiere dich über weitere Möglichkeiten, wie du mit deiner Familie Energie „sparen“ kannst.
c) Überlege, wie und wo du in der Schule Energie „sparen“ kannst. Diskutiere mit deinen Mitschülern. Gestaltet ein Plakat mit Energiesparregeln.

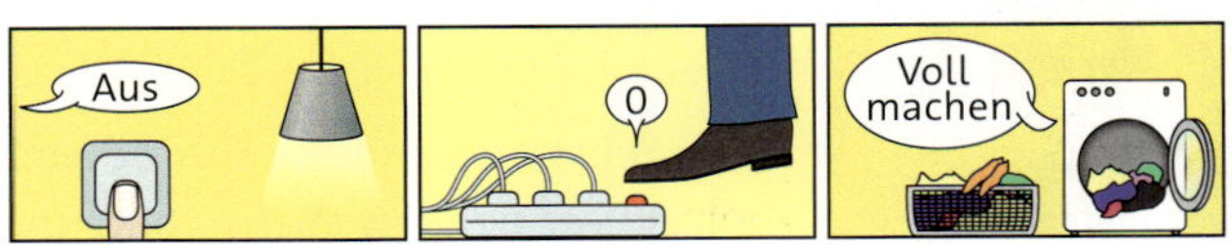

▸1 Am Lagerfeuer

Verbrennung näher betrachtet

Ein Lagerfeuer wärmt und spendet Licht. Beim Verbrennen von Holz wird Energie abgegeben. Dazu muss man das Holz entzünden. Was braucht man, um ein Lagerfeuer zu entzünden?

FEUER MACHEN · Wenn man an eine Feuerstelle im Wald kommt, dann findet man meistens nur noch Asche vor. Um ein Feuer machen zu können, muss man deshalb zunächst Holz sammeln. Holz ist ein guter **Brennstoff.**

Große Holzstücke kann man nicht so einfach entzünden. Man benötigt kleine, trockene Holzspäne oder Papier. Davon legt man einen kleinen Haufen in die Mitte der Feuerstelle (▸ Bild 2). Drum herum stapelt man etwas größere Holzstücke zu einer Pyramide. Diese Holzstücke dürfen aber nicht zu dicht aneinander liegen, weil sich ein Feuer nur entzünden lässt, wenn **Sauerstoff,** etwa aus der Luft, vorhanden ist.

▸2 Lagerfeuer entzünden

Zum Feuer entzünden kannst du nun Streichhölzer verwenden. Beim Entzünden eines Streichholzes wird das Streichholzköpfchen so heiß, dass das Streichholz zu brennen beginnt. Durch die Temperatur der Streichholzflamme lassen sich auch Papier und trockene Holzspäne entzünden. Wenn diese dann eine Zeit lang brennen, dann erhitzen sie die darüber gestapelten größeren Holzstücke, wodurch sich auch diese entzünden. Die Temperatur, bei der sich brennbare Stoffe entzünden, nennt man **Zündtemperatur.** Sie beträgt bei einem Streichholzkopf 80 °C, bei Zeitungspapier 175 °C und bei Fichtenholz 280 °C.

Um ein Feuer zu entzünden, braucht man einen brennbaren Stoff, Sauerstoff und eine bestimmte Zündtemperatur.

FEUER UND ENERGIE · Wie du schon weißt, kommt die Energie in den Pflanzen ursprünglich von der Sonne. Mit ihrer Hilfe bauen sie energiereiche Stoffe wie zum Beispiel Zellulose auf. Holz besteht zu einem großen Teil aus Zellulose. Beim Verbrennen des Holzes wird die in der Zellulose gespeicherte Energie wieder abgegeben (▸ Bild 3).

EINE KERZE ANZÜNDEN · Auch Kerzenwachs ist ein brennbarer, energiereicher Stoff. Es hat eine Zündtemperatur von 400 °C. Mit einem Streichholz lässt sich festes Kerzenwachs nicht entzünden. Einen Kerzendocht kann man aber mit einem Streichholz leicht entzünden. Weshalb ist das möglich?

Wenn du ein brennendes Streichholz an einen Kerzendocht hältst, dann schmilzt dabei etwas Wachs. Dieses steigt im Docht hoch, verdampft und ist gasförmig. Da sich das gasförmige Wachs schon bei etwa 100 °C entzündet, beginnt es zu brennen. Wenn also eine Kerze brennt, dann brennt tatsächlich gasförmiges Wachs. Aufgrund der hohen Temperatur der Flamme schmilzt ständig weiteres Wachs, das im Docht hochsteigt, verdampft und verbrennt.

DIE KERZENFLAMME · Wenn du eine Kerzenflamme genauer betrachtest, dann kannst du verschiedene Zonen entdecken (▸ Bild 4). Direkt um den Docht herum ist eine nicht leuchtende Zone. Sie besteht aus gasförmigem Wachs. Hier ist die Temperatur niedriger als in der sich anschließenden leuchtenden Zone der Flamme. Dort findet die Verbrennung des gasförmigen Wachses mit Luftsauerstoff statt. Dabei entsteht Ruß. Dieser glüht und lässt die Flamme leuchten. Wenn du die Flamme ganz genau betrachtest, dann erkennst du, dass sie ganz außen eine schmale gelb-orange Zone hat. Hier verbrennt auch der Ruß. Als Verbrennungsprodukte entstehen Kohlenstoffdioxid und Wasser.

Gasförmige Brennstoffe entzünden sich bei niedrigeren Temperaturen als feste. Flammen werden immer durch brennende Gase gebildet.

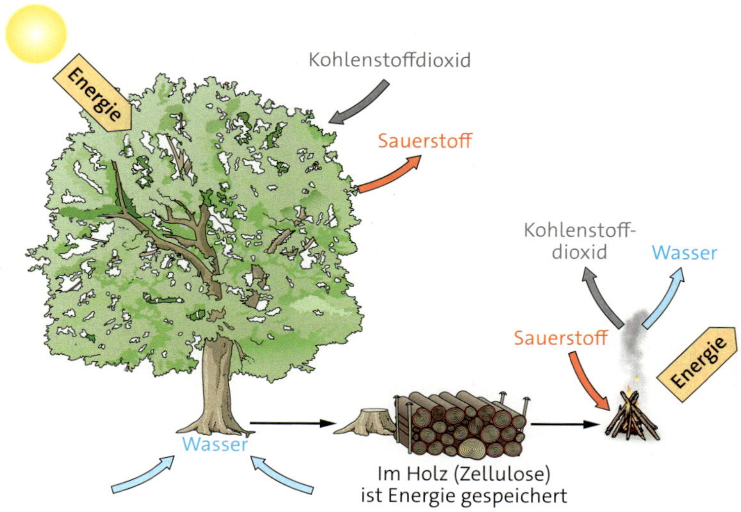

▸ 3 Energiefluss von der Sonne zum Lagerfeuer

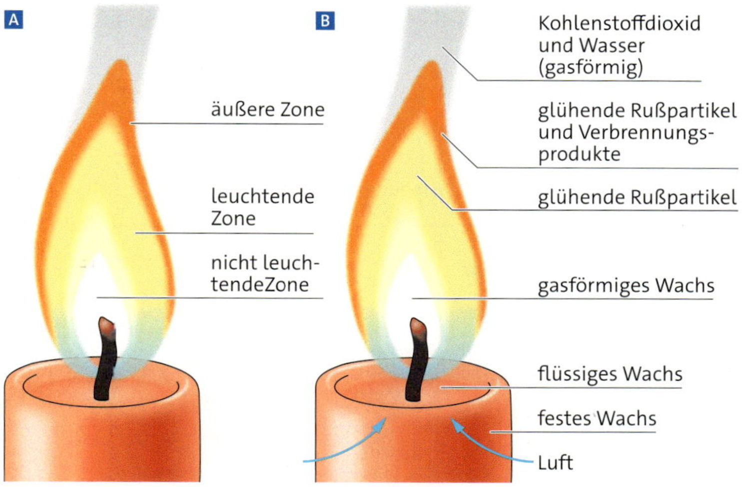

▸ 4 **A** Kerzenflamme mit Flammenzonen, **B** Ablauf der Verbrennung von Kerzenwachs

1 Beschreibe, wie man die Brennstoffe für ein Lagerfeuer anordnen muss, damit es sich entzünden lässt. Begründe deine Angaben.

2 Beschreibe die im ▸ Bild 3 dargestellten Energieübertragungen in eigenen Worten.

3 Erkläre, weshalb sich eine Kerze leichter anzünden lässt als ein Stück Holz.

METHODE

Arbeiten mit dem Gasbrenner

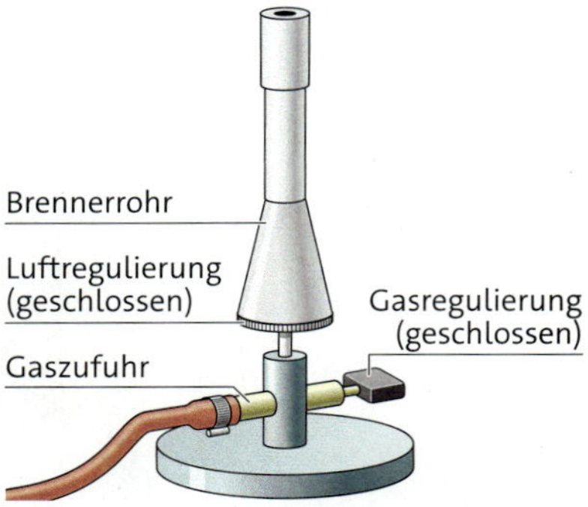

►1 Aufbau eines Gasbrenners

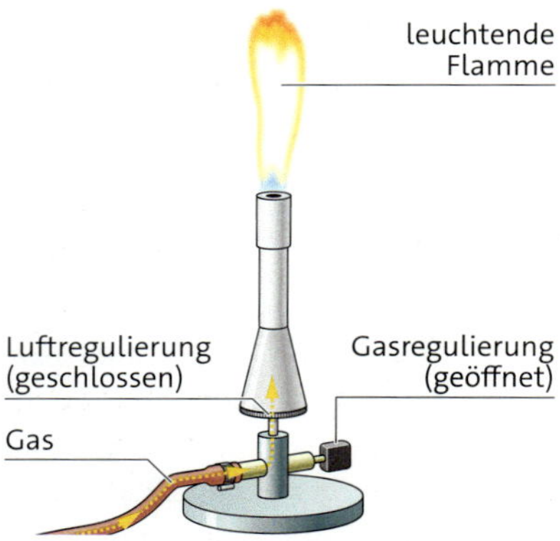

►2 Luftzufuhr geschlossen – leuchtende Flamme

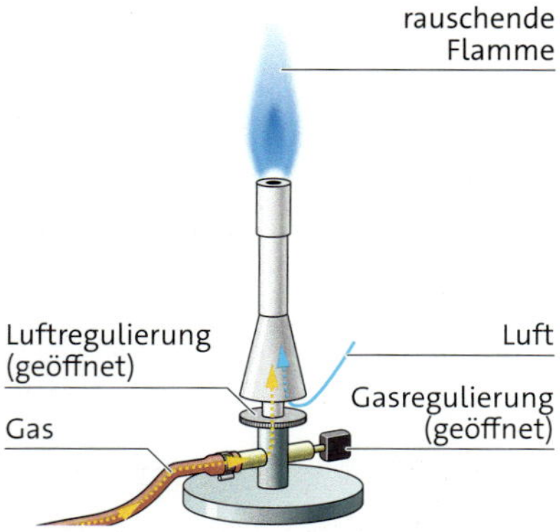

►3 Luftzufuhr ganz geöffnet – rauschende Flamme

Aufbau des Gasbrenners

Bevor du mit dem Gasbrenner arbeitest, musst du dir genau anschauen, wie ein Gasbrenner aufgebaut ist (► Bild 1). Der untere Teil des Brenners besteht aus einem stabilen Metallfuß mit einem seitlichen Rohr für die Gaszufuhr. Gegenüber der Gaszufuhr befindet sich ein Hebel zur Gasregulierung. Der obere Teil besteht aus dem Brennerrohr und einer Einstellscheibe zur Luftregulierung. Der obere Teil ist mit dem unteren Teil über ein Schraubgewinde verbunden.

Sicherheitshinweise:

Beim Arbeiten mit dem Brenner musst du immer:

- Eine Schutzbrille aufsetzen!
- Lange Haare zusammenbinden!
- Synthetik-Kleidung nicht in der Nähe des Brenners tragen!
- Den Brenner kippsicher aufstellen!
- Den Brenner auf eine feuerfeste Unterlage stellen!

Anschließen des Brenners:

- Die Gas- und Luftzufuhr am Brenner schließen.
- Den Brenner mit dem Schlauch an den Gashahn des Tisches anschließen.
- Den Gashahn am Tisch öffnen.

Entzünden der Brennerflamme:

Sicherheitshinweis:

- Nicht über den Brenner beugen!
- Ein Streichholz anzünden.
- Die Gaszufuhr am Brenner öffnen.
- Die Streichholzflamme sofort über die Öffnung des Brennerrohrs halten.
- Es entsteht eine leuchtende Flamme (► Bild 2).

Regulieren der Flamme:

Wenn du die Einstellscheibe für die Luftzufuhr langsam nach unten drehst, dann kannst du beobachten, dass eine blaue, nicht leuchtende Flamme entsteht. Bei weiterem Öffnen hörst du, wie das Gas-Luft-Gemisch durch das Brennerrohr rauscht. Es entsteht eine rauschende Flamme (► Bild 3).

Löschen der Brennerflamme:

Sicherheitshinweis:

- Die Brennerflamme nie ausblasen!
- Die Gas- und Luftzufuhr am Brenner schließen.
- Den Gashahn am Tisch schließen.

1. Halte ein Magnesiastäbchen waagerecht zuerst in die leuchtende, dann in die nicht leuchtende und rauschende Flamme.
2. Halte das Magnesiastäbchen in verschiedenen Höhen in die rauschende Flamme.
3. Beschreibe deine Beobachtungen.

VERSUCHE ▸ Untersuchung einer Kerzenflamme

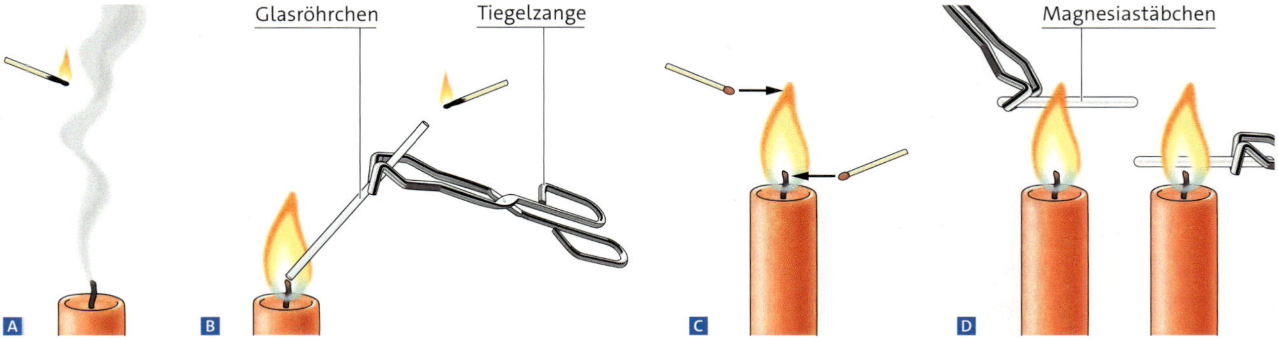

▸4 Zu den Versuchen V1 bis V4

Material:

Kerze, Streichhölzer, Glasröhrchen (Länge: 10 cm, Durchmesser: 8 mm), Tiegelzange, Magnesiastäbchen

Sicherheitshinweis:

- Schutzbrille aufsetzen!
- Lange Haare zusammenbinden!

V1 Aussehen der Kerzenflamme

Arbeitsauftrag:

a) Zünde eine Kerze an und beobachte die Flamme.

b) Zeichne die Flamme farbig.

V2 Fernzündung

Arbeitsauftrag:

a) Puste die Flamme aus und halte sofort ein brennendes Streichholz in die weißen Dämpfe (▸ Bild 4 A).

b) Beschreibe deine Beobachtungen.

V3 Tochterflamme

Arbeitsauftrag:

a) Halte mit einer Tiegelzange das Ende des Glasröhrchens über den Docht in die Kerzenflamme (▸ Bild 4 B).

b) Versuche die ausströmenden Dämpfe am anderen Ende des Röhrchens zu entzünden.

V4 Temperatur der Kerzenflamme

Arbeitsauftrag:

a) Halte jeweils ein Streichholz in das untere Ende der Flamme und an die Spitze der Flamme (▸ Bild 4 C).

b) Halte ein Magnesiastäbchen in verschiedenen Höhen in die Kerzenflamme (▸ Bild 4 D).

c) Beschreibe und erkläre deine Beobachtungen.

Material A ▸ Feuer und Benzin

A

Stuttgart, Juli 2014 (SZ)
Erst schaute ein 18-Jähriger zu tief ins Glas, dann schaute er mit angezündetem Feuerzeug in die Tanköffnung eines Autos, wodurch er eine kleine Explosion verursachte. Nur weil der mit dem 18-Jährigen befreundete Autobesitzer rasch einen Tankwart alarmierte, konnte mit einem Feuerlöscher Schlimmeres vermieden werden.

B

▸5 Feuer und Benzin

A1 Erkläre, weshalb das im Zeitungsartikel (▸ Bild 5 A) beschriebene Verhalten des 18-Jährigen so gefährlich war.

A2 Beschreibe die Abbildung (▸ Bild 5 B).

A3 Erkläre die sich anscheinend widersprechenden Aussagen von Zeitungsartikel und Abbildung.

►1 Waldbrand löschen mit Hubschrauber

Feuer löschen

Fast jeden Sommer werden in heißen Regionen große Waldflächen durch Waldbrände zerstört. Solche Brände zu bekämpfen, ist für die Feuerwehr eine sehr schwierige Aufgabe. Wie können Brände gelöscht werden?

DAS BRANDDREIECK · Wenn ein Wald brennt, dann sind dort offensichtlich alle drei Verbrennungsbedingungen erfüllt: Brennstoff, Luft und Zündtemperatur. Dieses Wissen nutzt man, um Brände zu löschen. Die Anordnung der drei Verbrennungsbedingungen in Form eines Warndreiecks, dem sogenannten Branddreieck, verdeutlicht die Brandgefahr und zeigt die Löschmöglichkeiten auf (► Bild 2). Sobald man eine Seite des Branddreiecks entfernt, also eine Verbrennungsbedingung beseitigt, fällt es zusammen, das heißt das Feuer erlischt.

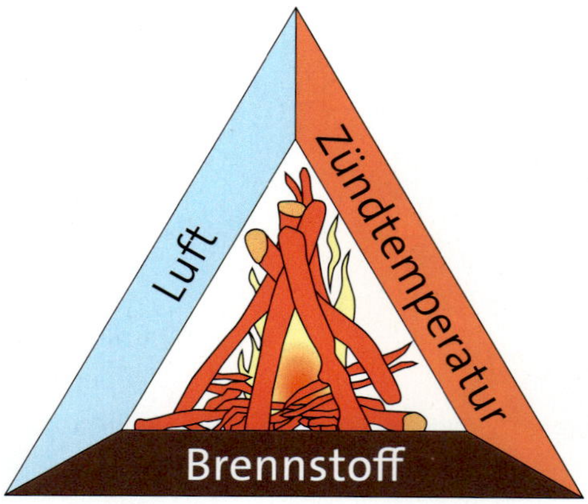

►2 Branddreieck mit Verbrennungsbedingungen

Zwei Verbrennungsbedingungen sind im Wald immer erfüllt. Es gibt genügend Holz als Brennstoff, und es ist stets Luft vorhanden. In einem heißen Sommer kann auch rasch die Zündtemperatur erreicht werden. Ein Funke oder eine als Brennglas wirkende Scherbe können ausreichen, um ein Feuer zu entzünden.

BRENNSTOFF KÜHLEN · Große Waldbrände versucht man durch Abwerfen von Wasser aus Flugzeugen zu löschen (► Bild 1). Das Wasser verdampft bei der großen Hitze. Dabei nimmt es sehr viel Wärme auf und kühlt den Brennstoff ab. Wenn der Brennstoff bis unter seine Zündtemperatur abgekühlt wird, dann fehlt diese Verbrennungsbedingung (► Bild 3). Das Feuer erlischt.

BRENNSTOFF ENTZIEHEN · Großflächige Brände in Wäldern mit dichtem Baumbestand können durch den Einsatz von Löschflugzeugen oft nicht vollständig gelöscht werden. Um die Ausbreitung des Feuers zu stoppen, werden dann um den Brandherd herum sogenannte Brandschneisen geschlagen. In den Brandschneisen entfernt man auf einer Breite von etwa 25 Metern alle Bäume und Büsche. So entzieht man dem ankommenden Feuer den Brennstoff. Brandschneisen werden auch vorbeugend angelegt (▸ Bild 4).

LUFTZUFUHR UNTERBINDEN · Zum Löschen von brennenden Fetten und Ölen sowie von Metallbränden darf auf keinen Fall Wasser verwendet werden. Wasser löscht diese Brände nicht, sondern verursacht Explosionen und hohe Stichflammen. Auch Brände an elektrischen Geräten dürfen nicht mit Wasser gelöscht werden, da hier die Gefahr eines Stromschlags besteht. Weil es in solchen Fällen auch kaum möglich ist, den Brennstoff zu entziehen, bleibt nur noch die Möglichkeit die Luftzufuhr zu unterbinden.

Dies erreicht man bei kleineren Bränden durch Abdecken des Feuers mit einer feuerfesten Löschdecke oder mit Löschsand. Zum Löschen gefährlicherer Brände, zum Beispiel wenn ein Auto brennt, setzt die Feuerwehr Gas- oder Schaumlöscher ein. Beide enthalten Kohlenstoffdioxidgas, das die Luft vom Brandherd verdrängt und dadurch den Brand löscht (▸ Bild 5).

Brände kann man löschen, indem man wenigstens eine der drei Verbrennungsbedingungen beseitigt:
Abkühlen des Brennstoffs unter seine Zündtemperatur, Entziehen des Brennstoffs oder Unterbinden der Luftzufuhr.

A

B
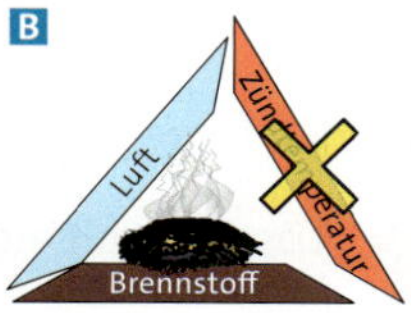

▸3 **A** Brandbekämpfung mit Wasser, **B** Brennstoff abkühlen

A

B

▸4 **A** Brandschneise in einem Wald in Spanien, **B** Brennstoff entziehen

A

B

▸5 **A** Löschen mit Schaumlöscher, **B** Luftzufuhr unterbinden

1 Erkläre, weshalb man beim Verlassen einer Grillstelle im Wald die Glut mit Erde oder Sand bedecken soll.

2 Erkläre, weshalb im Sommer das Grillen im Wald manchmal verboten ist.

VERSUCHE ▸ Löschen von Feuer

In den folgenden Versuchen untersuchst du verschiedene Löschmöglichkeiten. Achtung! Schutzbrille tragen!

V1 Löschen mit einem Gasfeuerlöscher

▸1 Gasfeuerlöscher im Einsatz

Material:

PET-Flasche mit Deckel (0,5 l), spitzes Küchenmesser, Trinkhalm (knickbar), Knetmasse, Messzylinder (100 ml), Becherglas (100 ml), Teelicht, Streichhölzer, Backpulver, Speiseessig

Arbeitsauftrag:

a) Bohre in den Deckel der PET-Flasche ein Loch für den Trinkhalm.
Stecke den Trinkhalm so weit durch das Loch, dass er bis zur Mitte der Flasche ragt.
Dichte das Loch um den Trinkhalm mit Knetmasse ab.

b) Gib ein Päckchen Backpulver in die Flasche und stelle im Messzylinder 100 ml Essig bereit.

c) Zünde das Teelicht an und stelle es in das Becherglas.

d) Gieße nun den Essig in die PET-Flasche und schraube sofort den Deckel mit dem Trinkhalm auf die Flasche.

e) Halte die Trinkhalmöffnung an den Rand des Becherglases und beobachte, was geschieht.
Notiere deine Beobachtungen.

f) Wenn der Essig zum Backpulver hinzugegeben wird, dann entsteht Kohlenstoffdioxid.
Erkläre mithilfe dieser Information deine Beobachtungen.

V2 Löschen mit einem Schaumlöscher

Material:

Die gleichen Materialien wie in V1, zusätzlich: Spülmittel

Arbeitsauftrag:

a) Reinige den Feuerlöscher aus V1.

b) Gib ein Päckchen Backpulver und 10 ml Spülmittel in die PET-Flasche.

c) Stelle 100 ml Essig bereit und zünde das Teelicht im Becherglas an.

d) Gieße den Essig in die PET-Flasche und schraube sofort den Deckel mit Trinkhalm darauf.

e) Beschreibe deine Beobachtungen und erkläre die Löschwirkung.

V3 Löschen mit einer Kupferspirale

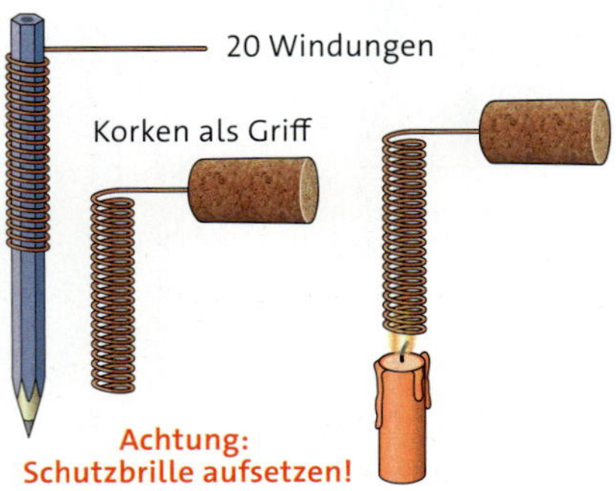

▸2 Löschen mit einer Kupferspirale

Material:

Kupferdraht (1 m lang, 1,5 mm dick), Bleistift, Korken, Kerze, Streichhölzer

Arbeitsauftrag:

a) Wickle den Kupferdraht um den Bleistift, sodass eine Kupferspirale entsteht (▸ Bild 2 A).

b) Stecke den Korken als Griff auf das gerade Drahtende.

c) Entzünde die Kerze.

d) Stülpe die kühle Kupferspirale über die Kerzenflamme (▸ Bild 2 B).

e) Beschreibe deine Beobachtung.

f) Erkläre, welche Verbrennungsbedingung hier entzogen wurde.

Material A ▸ Fettbrand

▸3 Demonstrationsversuch: Löschen eines Fettbrandes mit Wasser

Wenn einmal das Fett in dem Topf zu brennen beginnt, dann darf man auf keinen Fall versuchen, das Feuer mit Wasser zu löschen! Was andernfalls geschieht, zeigt ▸ Bild 3 B–C.

A1 Nenne die Bedingungen, die zu einem Fettbrand führen können.

A2 Beschreibe die Bilderfolge in ▸ Bild 3.

A3 Beschreibe, wie man einen Fettbrand gefahrlos und rasch löschen kann. Begründe das Vorgehen.

A4 Ordne folgende Sätze in die richtige Reihenfolge. Sie ergeben einen Text, der erklärt, was bei der Zugabe von Wasser in einem Topf mit brennendem Fett genau geschieht:
Brennende Fetttröpfchen werden mit dem Wasserdampf aus dem Topf geschleudert. / Wegen der großen Hitze des Topfbodens verdampft das Wasser schlagartig. / Das Wasser sinkt auf den Boden des Topfes. / Beim Verdampfen des Wassers dehnt sich sein Volumen schnell und stark aus. / Die brennende Oberfläche aller Fetttröpfchen zusammen ist größer als beim Fett in dem Topf. / Das Wasser wird in das heiße Fett gegossen.

Material B ▸ Löschbedingungen

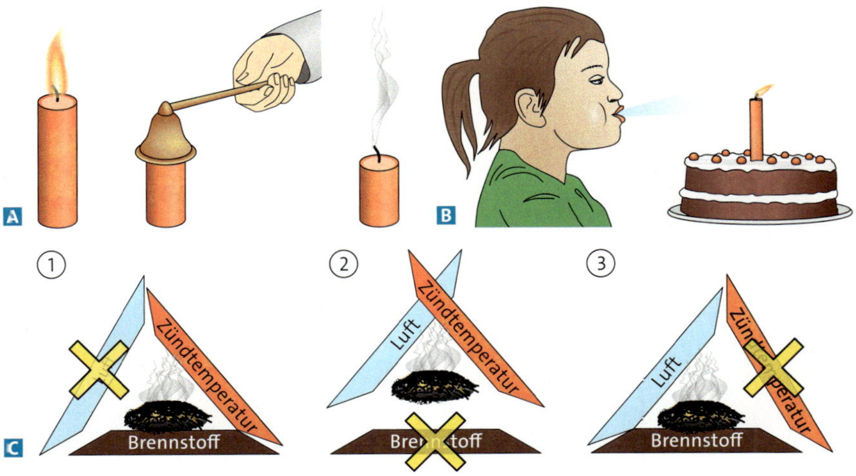

▸4 **A, B** zwei Möglichkeiten, eine Kerze zu löschen, **C** Branddreiecke

Die ▸ Bilder 4 A, B zeigen zwei Möglichkeiten, eine Kerze zu löschen.

B1 Begründe, weshalb bei ▸ Bild 4 A, B die Kerzenflamme erlischt. Ordne jedem Bild eines der drei Branddreiecke aus ▸ Bild 4 C zu.

B2 Beschreibe eine dritte Möglichkeit, die Kerze zu löschen, die dem dritten Branddreieck entspricht.

B3 Wenn der Gashahn am Gasbrenner zugedreht wird, dann erlischt die Flamme des Gasbrenners. Erkläre.

▸1 Murmeltiere

Energie und Temperatur

Murmeltiere haben wie alle Säugetiere eine konstante Körpertemperatur. Sie ist mit 39 °C größer als die Umgebungstemperatur. Im Gegensatz dazu kühlt eine heiße Teekanne mit der Zeit ab. Wie kommt es, dass die Murmeltiere ihre Körpertemperatur konstant halten?

WÄRMER ALS DIE UMGEBUNG · Du kennst viele andere Körper, die eine Temperatur haben, die größer ist als die Umgebungstemperatur. Der frisch aufgebrühte Tee in der Kanne ist etwa 80 °C heiß. Er kühlt im Laufe einer Stunde auf Umgebungstemperatur ab.

Wenn du die Teekanne auf ein Stövchen stellst, dann kannst du die Temperaturabnahme verhindern (▸ Bild 2). Das geht nur, solange die Teelichter die Energie hierfür liefern. Du kannst deine Körpertemperatur auch nur konstant halten, wenn du durch die Nahrung regelmäßig Energie zu dir nimmst – beim Murmeltier ist es im Prinzip ebenso.

▸2 Die Teelichter liefern Energie.

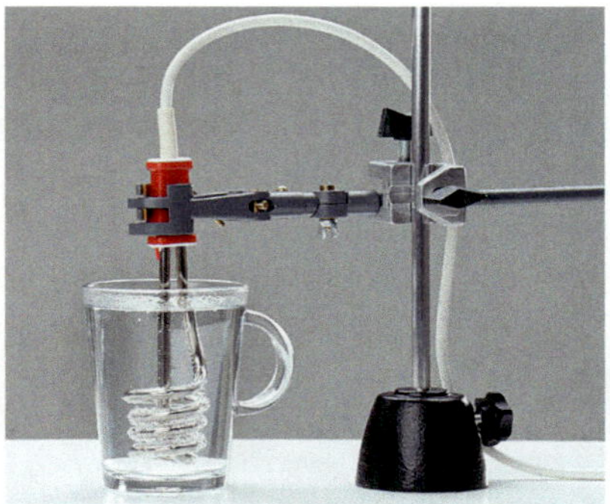

▸3 Der Tauchsieder liefert Energie.

▸4 Ein Teelicht – weniger Energie.

KONSTANTE TEMPERATUR · Wenn man Leitungswasser zum Tee machen erhitzt, dann steigt seine Temperatur, weil man Energie zuführt (▸ Bild 3). Warum steigt dann die Temperatur des Tees auf dem Stövchen nicht weiter? Das liegt daran, dass der heiße Tee die Energie gleich wieder an die Umgebung abgibt. Ohne Teelichter würde er ja auskühlen. Die abgegebene Energie wird durch die Teelichter ausgeglichen.

Nur das Gleichgewicht zwischen zugeführter und abgegebener Energie sorgt also dafür, dass ein Körper eine konstante Temperatur behält. Ein Energieflussdiagramm zeigt dies übersichtlich (▸ Bild 5).

Um die Temperatur eines Körpers zu erhöhen, muss man ihm Energie zuführen. Damit seine Temperatur konstant bleibt, muss man genau so viel Energie zuführen wie der Körper abgibt.

MURMELTIERE IM WINTER · Im Winter halten Murmeltiere einen Winterschlaf. Dabei senken sie ihre Körpertemperatur auf bis zu 7 °C ab. Welchen Vorteil das hat, kannst du bei der Teekanne lernen:
Wenn nur noch ein Teelicht unter der Kanne ist, dann sinkt die Temperatur des Tees. Nach einiger Zeit stellt sich wieder eine konstante, aber niedrigere Temperatur ein (▸ Bild 4). Der Tee gibt dann wieder genau so viel Energie an die Umgebung ab, wie er aufnimmt.

Je mehr Energie einem Körper zugeführt wird, desto größer ist der Unterschied zur Temperatur der Umgebung. Umgekehrt gilt aber auch: Je kleiner der Unterschied zur Umgebungstemperatur ist, desto weniger Energie braucht der Körper, um diese Temperatur aufrecht zu erhalten. Genau das nutzen die Murmeltiere aus: Im kalten Winter würden sie mehr Energie benötigen als im Sommer, um ihre Körpertemperatur bei 39 °C zu halten. Und das in einer Zeit, in der es wenig Nahrung gibt! Durch die niedrige Körpertemperatur können sie mit ihren Fettreserven ohne Nahrungsaufnahme überleben.

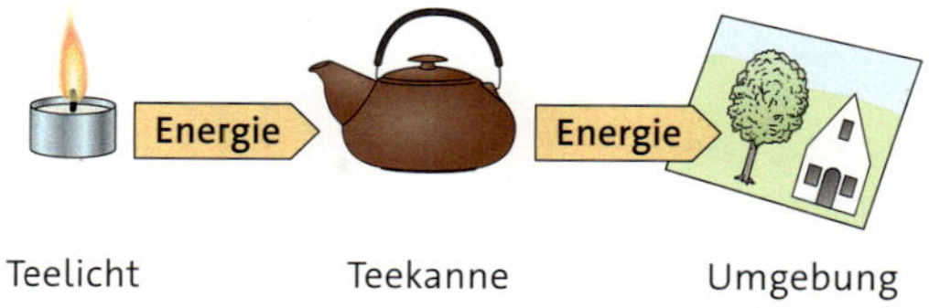

▸5 Energieflussdiagramm: Tee auf Stövchen

FELLWECHSEL · Viele andere Tiere nutzen eine andere Möglichkeit, um ihren Energiebedarf im Winter zu reduzieren. Sie legen sich ein Winterfell als **Wärmedämmung** an (▸ Bild 6A). Durch das dickere Fell geben sie weniger Energie ab. Daher benötigen sie auch weniger Energie, um ihren **Energiehaushalt** im Gleichgewicht zu halten.

1 Zeichne ein Energieflussdiagramm für
a) ein Murmeltier im Sommer,
b) ein Murmeltier im Winter,
c) das Wasser im ▸ Bild 3.

2 **a)** Der Esel wechselt sein Fell zweimal im Jahr. Erkläre, warum dies sinnvoll ist.
b) Robben haben eine dicke Fettschicht (▸ Bild 6 B). Für den Energiehaushalt hat sie zwei Funktionen. Erläutere.

▸6 **A** Ein Esel verliert im Frühjahr sein Winterfell. **B** Robbe

BLICKPUNKT

Sorgsamer Umgang mit Energie

►1 Hauswand mit Wärmedämmung

Mit Energie sorgsam umzugehen, bedeutet vor allem weniger Energie verwenden. Bei einem durchschnittlichen Haushalt wird etwa die Hälfte der benötigten Energie zum Heizen verwendet. Hier lohnt es sich besonders, auf Einsparmöglichkeiten zu achten. Auch du kannst etwas dafür tun – zuhause und in der Schule!

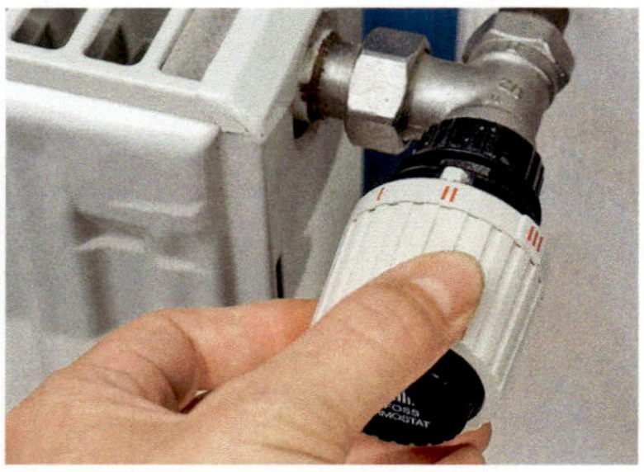

►2 Heizung niedriger stellen

Wärmedämmung · Häuser werden beim Bauen mit dicken Dämmstoffplatten eingepackt (► Bild 1). Diese Wärmedämmung sorgt dafür, dass die Energieabgabe an die Umgebung geringer ist. Deswegen benötigt man dann beim Heizen auch weniger Energie.

►3 Stoßlüften

Heizung runter! · Je größer der Temperaturunterschied zur Umgebung ist, desto mehr Energie benötigt man. Deswegen spart jedes Grad weniger rund 6 % Heizenergie (► Bild 2)! Für ein gesundes Raumklima reichen in Wohnräumen 18 °C bis 20 °C. In Räumen, in denen man sich nicht lange aufhält, sind 16 °C ausreichend.

►4 Zu kleiner Topf auf dem Herd

Stoßlüften! · Lüften ist gerade im Winter für ein gesundes Raumklima wichtig. Öffne beim Lüften die Fenster weit und drehe dabei die Heizung aus (► Bild 3). Schließe danach die Fenster wieder. So wird die Luft schnell ausgetauscht, die Wände bleiben warm.

Energiesparen beim Kochen · Wenn man einen zu kleinen Topf verwendet, dann wird nur ein Teil der Energie von der Herdplatte zum Kochen genutzt (► Bild 4). Der Rest der Energie wird direkt an die Umgebung abgegeben. Mit einem passenden Topf wird die Energie effizienter genutzt.

1 **a)** Sowohl beim Haus als auch bei Tieren gibt es verschiedene Möglichkeiten zum „Energiesparen“. Stelle Gemeinsamkeiten und Unterschiede in einer Tabelle gegenüber.
b) Welche Wirkung hat die Wärmedämmung eines Hauses im Sommer?

2 Durch Dauerlüften bei gekipptem Fenster wird Energie verschwendet. Erkläre.

3 Wenn möglich, sollte man den Topf beim Kochen mit einem Deckel schließen. Das trägt dazu bei, Energie effizienter zu nutzen. Erkläre.

4 Wie kannst du dazu beitragen, dass Energie effizienter genutzt wird? Sammle weitere Möglichkeiten. Überlege, wo es sich besonders lohnt.

5 Lena sagt: „Ich verstehe das nicht. Wir bekommen genug Energie von der Sonne geliefert. Warum muss man dann Energie sparen?“ Schreibe eine Erklärung für Lena.

VERSUCHE ▸ Wovon hängt die Energieabgabe eines Körpers ab?

Du untersuchst am Beispiel von Wasser, wovon die Energieabgabe eines Körpers abhängt. Die Temperaturänderung zeigt dir dabei, wie schnell oder langsam die Energie abgegeben wird.
Vorsicht! Schon ab 60 °C kann es zu Verbrühungen kommen!

Material:

2 gleiche Bechergläser (250 ml), 2 Thermometer, Stoppuhr, Stoff, Gummiring, Tauchsieder oder Wasserkocher

V1 Von der Wärmedämmung?

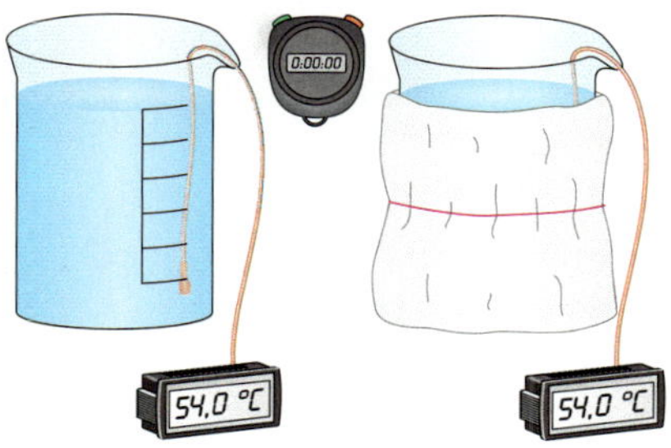

▸5 Versuch 1

Arbeitsauftrag:

Du wirst den Temperaturverlauf in den Gläsern messen. Lege eine Tabelle für die Messwerte an. Wickle den Stoff um eines der Gläser. Bereite die Thermometer für die Messung vor (▸ Bild 5).

a) Erhitze Wasser auf etwa 55 °C. Fülle beide Gläser fast ganz voll mit Wasser. Starte die Stoppuhr. Miss alle zwei Minuten die Temperatur und notiere sie in der Tabelle. Beende deine Messreihe nach 20 Minuten.

b) Stelle die Temperaturänderung beim Glas ohne Stoff in einem Diagramm dar (Rechtsachse: Zeit in Minuten; Hochachse: Temperatur in °C). Beschreibe den Verlauf des Diagramms.

c) Zeichne die Temperaturänderung beim eingewickelten Glas in das gleiche Diagramm ein. Vergleiche mit dem Verlauf bei b).

d) Erkläre den Unterschied zwischen b) und c).

V2 Vom Volumen?

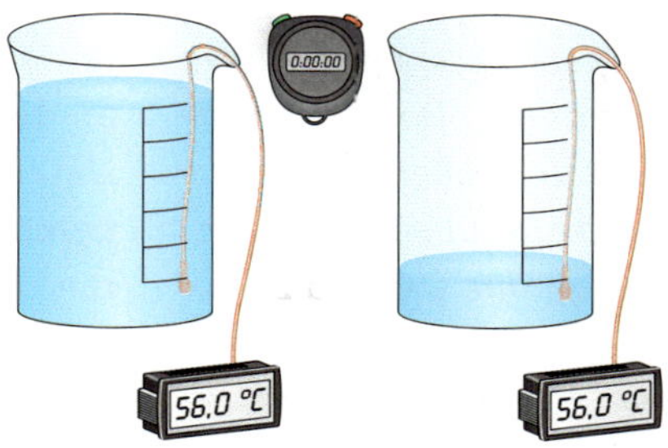

▸6 Versuch 2

Arbeitsauftrag:

Gehe entsprechend wie bei V1 vor.

a) Erhitze Wasser auf etwa 55 °C. Fülle ein Glas fast ganz, das andere etwa zu einem Viertel mit Wasser (▸ Bild 6). Starte jetzt die Stoppuhr. Miss alle zwei Minuten die Temperatur und notiere sie in der Tabelle. Beende deine Messreihe nach 20 Minuten.

b) Stelle wie bei V1 die Temperaturänderung bei beiden Gläsern in einem gemeinsamen Diagramm dar. Vergleiche beide Verläufe.

c) In einem Fachbuch steht: „Je kleiner das Volumen eines Körpers ist, desto schneller gibt er Energie ab." Bestätigen oder widerlegen deine Messwerte diese Aussage? Begründe deine Antwort.

V3 Vom Temperaturunterschied?

Die Energieabgabe hängt vom Temperaturunterschied zur Umgebung ab.

Arbeitsauftrag:

a) Plane einen Versuch, der diese Abhängigkeit nachweist.

b) Führe den Versuch durch.

c) Beschreibe anhand der Ergebnisse, wie die Energieabgabe vom Temperaturunterschied abhängt.

Material A ▸ Was heißt „Energie sparen"?

A1 Wasser wird mit einem Topf auf dem Herd erhitzt. Mal passt der Topf zur Herdplatte, mal ist er zu klein. Zeichne jeweils ein Energieflussdiagramm. Vergleiche.

A2 In einem Zimmer läuft eine Heizung mal bei geschlossenem Fenster und mal bei geöffnetem Fenster. Zeichne jeweils ein Energieflussdiagramm. Vergleiche.

A3 a) Die Diagramme in A1, A2 zeigen, ob Energie „gespart" wurde oder nicht. Erkläre.

b) Untersuche weitere Beispiele mit Energieflussdiagrammen.

►1 Afrikanischer Elefant in sengender Hitze

Konvektion und Wärmeleitung

Afrikanische Elefanten leben in Savannen bei hohen Temperaturen. Dabei sind sie tag- und nachtaktiv und ruhen nur um die Mittagszeit. Um nicht zu überhitzen, müssen sie viel Energie an ihre Umgebung abgeben. Wie schaffen sie das?

ENERGIETRANSPORT IM ELEFANTEN · Wenn der Elefant die Energie der Nahrung nutzt, zum Beispiel indem er sich bewegt, dann steigt die Temperatur im Körperinneren. Du hast gelernt: Damit seine Körpertemperatur gleich bleibt, muss er die Energie an die Umgebung abgeben. Dafür muss der Elefant die Energie zunächst vom Körperinneren an die Körperoberfläche transportieren. Das geschieht überwiegend mit dem Blutkreislauf. Im Körperinneren wird das Blut erwärmt. Die dabei aufgenommene Energie führt das Blut an die Oberfläche mit. Insbesondere durch die mit vielen feinen Adern durchzogenen Ohren gibt er dann die Energie an die Umgebung ab. Das abgekühlte Blut fließt wieder zurück ins Körperinnere.

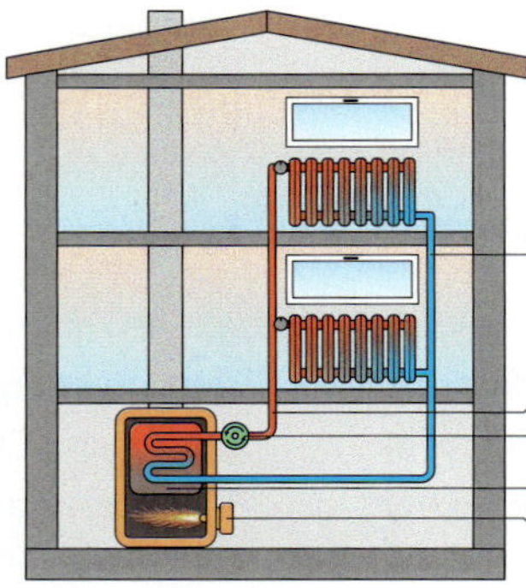

►2 Aufbau einer Zentralheizungsanlage

KONVEKTION · Die Energie kann natürlich nicht nur durch das Elefantenblut transportiert werden. Das funktioniert mit allen Flüssigkeiten und Gasen. Das nutzt man zum Beispiel in Heizungsanlagen (► Bild 2):
Im Brenner wird das Wasser durch das Verbrennen von Gas oder Öl erhitzt. Durch eine Pumpe wird das warme Wasser zu den Heizkörpern gepumpt. Dort gibt das Wasser die Energie an die Umgebung ab.

Auch mit Luftströmungen kann Energie transportiert werden. Im Sommer empfindest du Wind oft als angenehm. Der Wind weht die Luft in der Umgebung des Körpers weg. Dein Körper hat diese Luft schon erwärmt, sodass der Wind mit der Luft auch Energie von deinem Körper weg transportiert.

Wenn die Energie durch das Strömen einer Flüssigkeit oder eines Gases transportiert wird, dann spricht man von **Konvektion.**

Bei der Konvektion wird die Energie dadurch transportiert, dass strömende Gase und Flüssigkeiten sie mit sich führen.

SELBSTTÄTIGE KONVEKTION · Beim Elefant funktioniert die Konvektion dadurch, dass das Herz das Blut durch die Adern pumpt. Bei der Heizungsanalage ist es ähnlich. Wie aber ist es beim Wind? Da gibt es sicher keinen Riesen-Ventilator! Wie läuft hier die Konvektion selbsttätig ab?

Wir untersuchen das zunächst bei Wasser in einem Experiment (▸ Bild 3). Wir erhitzen Wasser in einem Becken auf einer Seite mit einem Tauchsieder. Dabei tropfen wir etwas Tinte in das Wasser. Nach kurzer Zeit erkennt man, wie sich ein Wasserkreislauf ausbildet. Die Temperatur des Wassers nimmt auch auf der anderen Seite des Beckens zu.

Man kann das folgendermaßen erklären: Das Wasser wird vom Tauchsieder erhitzt. Dadurch steigt das warme Wasser auf. Auf der Unterseite des Tauchsieders strömt kälteres Wasser nach. Dieses kommt von der anderen Seite des Beckens. Daher strömt das erwärmte Wasser an der Wasseroberfläche auf die rechte Seite des Beckens. So entsteht insgesamt eine Strömung im Uhrzeigersinn.

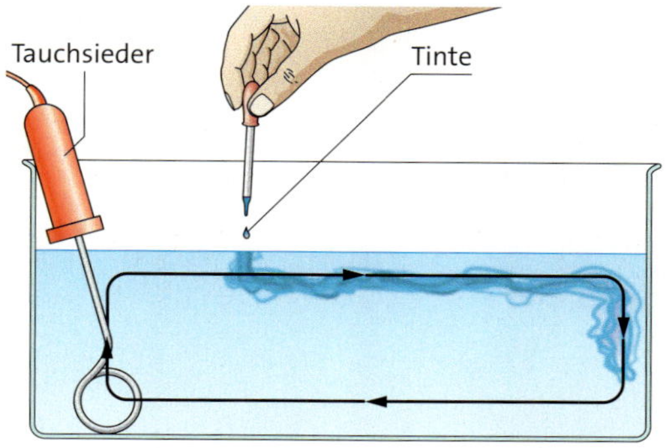

▸3 Selbsttätige Konvektion in Wasser

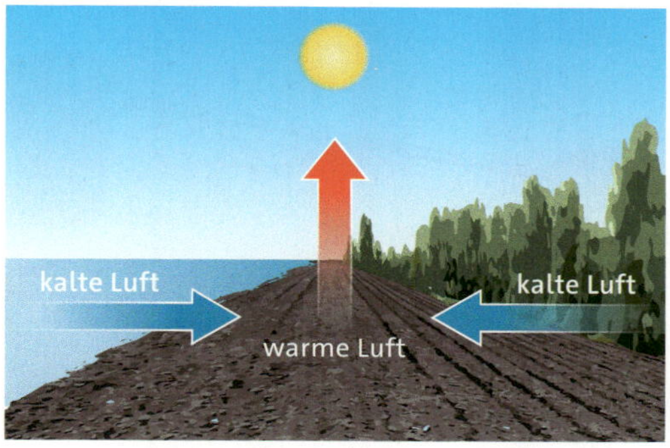

▸4 So entstehen Luftströmungen

LUFTSTRÖMUNGEN · Die selbsttätige Konvektion kommt im Wasserbecken nur zustande, weil das warme Wasser aufsteigt. Genau so entstehen Luftströmungen (▸ Bild 4): Wenn sich die Erdoberfläche an einer Stelle durch die Sonneneinstrahlung stärker erhitzt als in der Umgebung, dann steigt die erwärmte Luft an dieser Stelle nach oben. Von der Seite strömt kältere Luft nach. Es entsteht Wind!

1 Vergleiche den Energietransport beim Elefanten mit dem Energietransport in einer Heizungsanlage. Verwende dafür eine Tabelle.

2 Elefanten wedeln bei großer Hitze häufig mit ihren Ohren. Erkläre, welchen Vorteil dies bringt.

3 Die Luftströmung im ▸ Bild 4 wird im Text nur teilweise erklärt. Vervollständige die Erklärung.

►1 Der Hund gibt Energie an die Fliesen ab.

WÄRMELEITUNG · Viele Säugetiere sind am Bauch weniger stark behaart als am restlichen Körper. So schützt sie ihr Fell am Rücken und an den Seiten gegen die Sonneneinstrahlung. Gleichzeitig können sie aber bei Bedarf am Bauch leichter Energie abgeben. Hunde nutzen dies zur direkten Abkühlung, indem sie sich mit dem Bauch auf kühle Fliesen oder Steine legen (► Bild 1). So wird Energie direkt über die Haut an die Fliesen abgeleitet.

►2 Wärmeleitung in einem Metallstab

Die Wärmeleitung kannst du mit dem Versuch im ► Bild 2 auch in einem Metallstab nachweisen. Wenn du ein Ende des Stabs mit einem Teelicht erhitzt, dann fallen die Wachskugeln nacheinander herunter, zuletzt die Kugel auf der vom Teelicht abgewandten Seite. Der Metallstab leitet also die Energie weiter, ohne dass er sich selbst bewegt. Das nennt man **Wärmeleitung.**

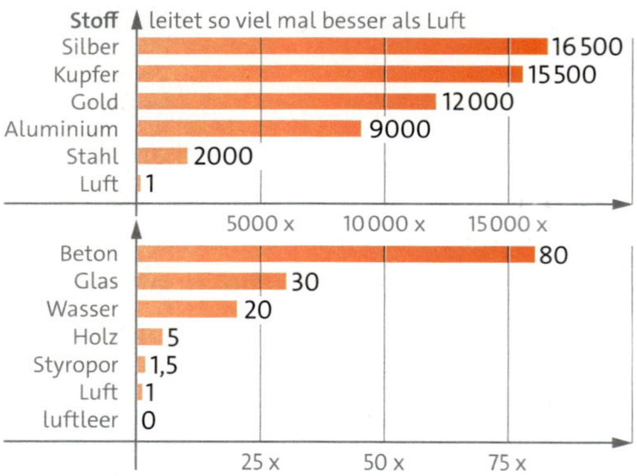

►3 Luft ist ein schlechter Wärmeleiter

Wenn du verschiedene Stoffe untersuchst, dann stellst du fest, dass die Energie unterschiedlich gut weitergeleitet wird (► Bild 3).

Bei der Wärmeleitung wird Energie innerhalb eines Stoffs transportiert. Der Stoff selbst bewegt sich dabei nicht.

WÄRMEDÄMMUNG MIT LUFT · Im ► Bild 3 siehst du, dass Luft ein schlechter Wärmeleiter ist. Daher eignet sie sich zur Wärmedämmung. Aber die Luft kann die Energie durch Konvektion leicht abtransportieren. Genau das verhindert das Gefieder der Vögel (► Bild 4): Die Luft zwischen Haut und Federn wird vor dem Wind und damit der Konvektion geschützt. Im Winter plustern sich viele Vögel auf, um die schlechte Wärmeleitung der Luft noch besser auszunutzen.

►4 Wacholderdrosseln: **A** schlank, **B** aufgeplustert

1 Ein Teppichboden fühlt sich wärmer an als ein Fliesenboden. Erkläre.

BLICKPUNKT

Wärmedämmung beim Haus

Die Wärmedämmung sorgt dafür, dass ein Haus möglichst wenig Energie an die Umgebung abgibt. So wird weniger Energie für das Heizen benötigt.

Meistens nutzt man bei Materialien zur Wärmedämmung die schlechte Wärmeleitfähigkeit der Luft aus. Dazu muss man die Konvektion der Luft verhindern. Das erreicht man dadurch, dass man sie durch zusätzliche Hindernisse daran hindert zu strömen. Die folgenden Beispiele zeigen, wie das technisch umgesetzt wird.

Mehrfachglasfenster · Seit langer Zeit nutzen Menschen Fensterglas, um Licht ins Haus zu bekommen. Glas ist aber ein relativ guter Wärmeleiter, sodass dabei gleichzeitig viel Energie an die Umgebung abgegeben wird.
Wenn man eine dünne Luftschicht zwischen Glasscheiben einsperrt, dann verhindert man die Konvektion der Luft. ► Bild 5 zeigt den Aufbau eines modernen Mehrfachglasfensters, bei dem man dies ausnutzt.

Dämmstoffe · Die Außenseite eines Hauses wird heutzutage mit Dämmstoffplatten verkleidet. So ein Dämmstoff hat eine sehr kleine Dichte. Das kommt daher, dass er fast nur aus eingesperrter Luft besteht. Im ► Bild 6 siehst du ein Stück Dämmstoff unter dem Mikroskop. Du erkennst zwischen den einzelnen Kügelchen viele Zwischenräume. Darin und in den Kügelchen selbst ist die Luft eingeschlossen. Dadurch wird die Konvektion der Luft verhindert.

Lücken in der Wärmedämmung · Die beste Wärmedämmung hilft aber wenig, wenn sie Lücken hat. Im ► Bild 7 siehst du ein Beispiel für eine solche Lücke.
Die Bodenplatte eines Balkons besteht aus Stahlbeton, einem guten Wärmeleiter. Da die Platte im Inneren des Gebäudes befestigt ist, wird die Energie an der Dämmung vorbei aus dem Haus geleitet. Das zeigt die Aufnahme mit einer Wärmebildkamera. Die Temperatur an der Unterseite des Balkons ist höher als an der Außenwand des Hauses. Solche Lücken in der Wärmedämmung nennt man bei Häusern auch Wärmebrücken.

2 **a)** Lisa fragt: „Warum ist es bei Fenstern nicht besser, eine dicke Glasscheibe zu nehmen statt mehreren dünnen?"
Schreibe eine Antwort für Lisa.
b) Tom fragt: „Warum nimmt man bei den Mehrfachglasfenstern mehrere Scheiben? Würden zwei Scheiben mit einer dicken Luftschicht dazwischen nicht ausreichen?"
Schreibe eine Antwort für Tom.

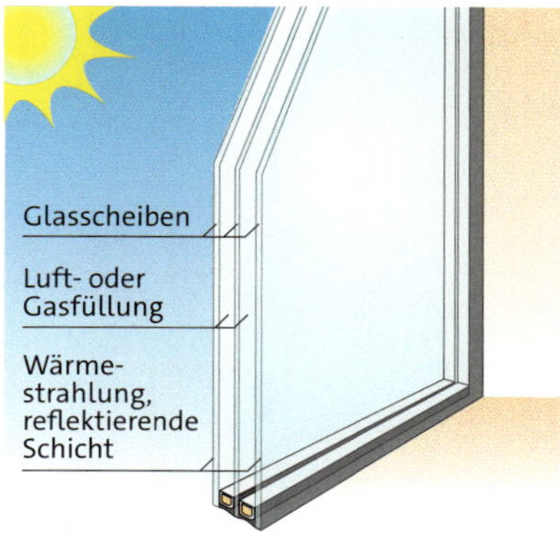

► 5 Aufbau eines Mehrfachglasfensters

► 6 Dämmstoff unter dem Mikroskop

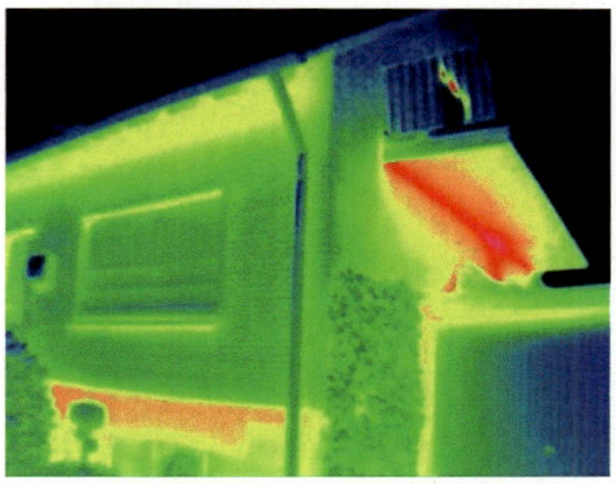

► 7 Wärmebildaufnahme eines Hauses; Rot: höhere Temperatur, Grün: niedrigere Temperatur

VERSUCHE ▸ Konvektion und Wärmeleitung in Natur und Technik

V1 Wärmedämmung

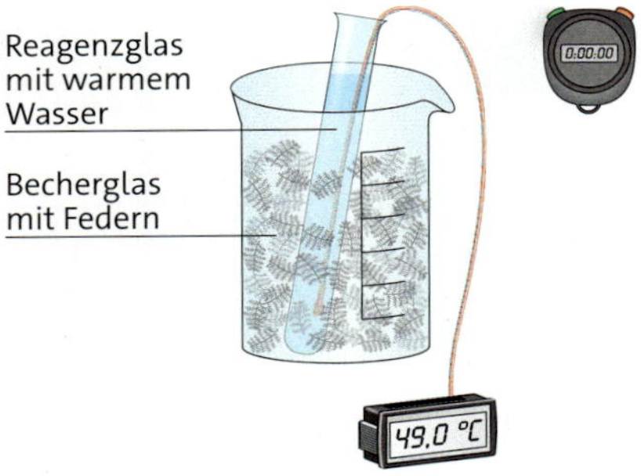

▸1 Versuch zur Wärmedämmung

Du untersuchst, wie gut verschiedene Materialien zur Wärmedämmung geeignet sind.

Material:

Becherglas (250 ml), großes Reagenzglas, Thermometer, Stoppuhr, 50 °C warmes Wasser, verschiedene Materialien zur Wärmedämmung, zum Beispiel: Daunenfedern, Wolle, Styroporflocken, Watte, Heu

Arbeitsauftrag:

Du wirst einen Temperaturverlauf aufnehmen. Lege eine entsprechende Tabelle an und bereite Stoppuhr und Thermometer vor (▸ Bild 1).

a) Fülle das Becherglas mit Daunenfedern. Drücke die Federn dabei leicht an. Fülle das Reagenzglas etwa zu drei Vierteln mit dem warmen Wasser und stelle es in das Glas mit den Federn (▸ Bild 1). Starte die Stoppuhr. Miss jede Minute die Temperatur und notiere sie in der Tabelle. Beende deine Messreihe nach 10 Minuten.

b) Entferne die Federn aus dem Becherglas. Wiederhole die Messung wie bei a) mit dem leeren Becherglas.

c) Stelle den Temperaturverlauf bei beiden Gläsern in einem gemeinsamen Diagramm dar. Erkläre den Unterschied bei den Messungen.

d) Gehe bei den anderen Materialien vor wie bei a) und c).

e) Emma meint: „Je dichter man das Material packt, desto besser wird die Wärmedämmung." Untersuche Emmas Aussage mit einem selbst geplanten Versuch.

V2 Konvektion bei dir selbst

A

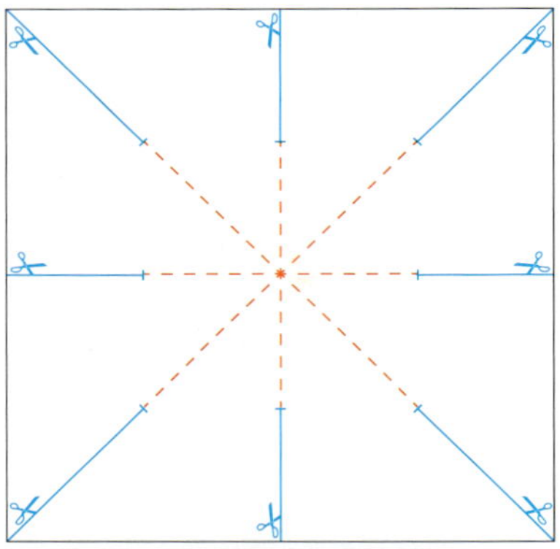

B

▸2 Windrad: **A** Bauanleitung, **B** fertiges Exemplar

Du weist die selbsttätige Konvektion bei deinem eigenen Körper nach.

Material:

Quadratisches Papier (ca. 8 cm x 8 cm), Schere, Bleistift

Arbeitsauftrag:

a) Falte das Papier an den Mittellinien und den Diagonalen. Schneide die Faltlinien überall mehr als zur Hälfte ein (▸ Bild 2 A).

b) Falte alle Ecken links von einer Faltlinie nach unten, sodass eine Art Windrad entsteht.

c) Halte das Windrad auf der Bleistiftspitze über deiner Hand (▸ Bild 2 B). Warte kurz. Wenn du genau gearbeitet hast, dann beginnt das Papier sich zu drehen. Erkläre.

d) Mit dem Windrad kannst du auch andere schwache Luftströmungen nachweisen. Untersuche verschiedene Stellen in einem Raum. Notiere deine Beobachtung.

V3 Wärmeleitung bei dir selbst

Du erlebst die Wärmeleitung am eigenen Körper.

Arbeitsauftrag:

Führe den Versuch mit einem Partner durch.

a) Gib deinem Partner die Hand. Fühlt sich dessen Hand kalt oder warm an? Was empfindet dein Partner?

b) Einer von beiden reibt seine Hände aneinander. Wiederholt dann den Versuch. Beschreibe deine Beobachtungen.

c) Erkläre deine Beobachtungen.

Material A ► Macht Wolle warm?

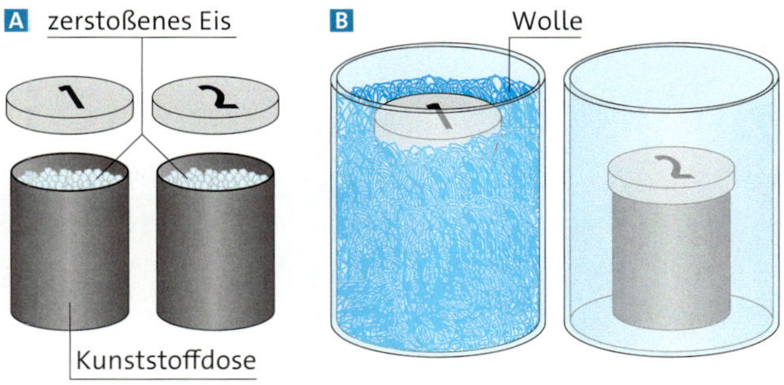

►3 Dämmt Wolle besser als Luft?

A1 a) In welcher Dose im ► Bild 3 B schmilzt das Eis schneller? Begründe deine Antwort.
b) Zeichne für beide Dosen je ein Energieflussdiagramm.

A2 a) Führe einen Versuch wie im ► Bild 3 durch.
b) Nina sagt: „In meinem Wollpulli wird mir nicht kalt, weil Wolle warm macht." Stimmt das? Vergleiche mit dem Versuchsergebnis.

Material B ► Die Teebeutel-Rakete

►4 Teebeutel-Rakete: **A** kurz vor, **B** kurz nach dem Start

Tom baut eine Teebeutel-Rakete: Er leert den Tee aus einem Teebeutel. Den Beutel faltet er auf und stellt ihn wie eine Röhre auf eine feuerfeste Unterlage. Er zündet die Röhre oben an (► Bild 4 A). Kurz bevor der Beutel ganz abbrennt, hebt er ab (► Bild 4 B).
Wenn du es selbst machst: Nur unter Aufsicht!

B1 a) Die Konvektion spielt beim Start der „Rakete" eine entscheidende Rolle. Erkläre.
b) Tom möchte die Rakete auf einem Fest vorführen. Schreibe einen lustigen Text, der beim Auspacken des Teebeutels beginnt und mit dem Raketenstart endet.
c) Schreibe eine Erklärung, die er vortragen kann.

Material C ► Pinguine haben kalte Füße

Pinguine haben an den Füßen keine isolierende Fettschicht und auch keine Federn. Deswegen verlieren sie an ihren Füßen besonders leicht Energie. Um weniger Energie abzugeben, halten Pinguine ihre Füße auf einer sehr niedrigen Temperatur: Bei –20 °C Außentemperatur beträgt zum Beispiel beim Adelie-Pinguin die Temperatur im Körperinnern 39 °C, die Temperatur seiner Füße ist aber nur 1 °C.

Um die Temperatur im Körperinnern und an den Füßen konstant zu halten, benutzen die Pinguine eine Art Wärmetauscher: In den Beinen fließt das Blut durch Arterien vom Körperinnern zu den Füßen. Die Arterien liegen zwischen mehreren Venen, in denen das Blut wieder zurück ins Körperinnere fließt. Die Arterien und Venen liegen so dicht aneinander, dass zwischen ihnen Wärmeleitung auftritt.

C1 a) Kalte Füße sind für Pinguine überlebenswichtig. Erkläre.
b) Zeichne vereinfacht eine Bein-Arterie zwischen zwei Venen. Kennzeichne mit Pfeilen die Fließrichtung des Bluts. Stelle die Temperatur des Bluts farbig dar. Nimm Rot für warmes, Blau für kaltes Blut. Zeichne ein, wo durch Wärmeleitung Energie übertragen wird. Erkläre deine Zeichnung.

▸1 Die Schirme bieten Schutz vor der Strahlung der Sonne.

Wärmestrahlung

Die Sonne brennt vom Himmel. Der Sand ist so heiß, dass man kaum darüber laufen kann. Nur im Schatten kann man es längere Zeit aushalten. Wie kommt es zu diesem Unterschied?

STRAHLENDE SONNE · Du hast gelernt, dass die Erde die Energie von der Sonne erhält. Du weißt sicherlich, dass der Weltraum zwischen Sonne und Erde praktisch leer ist. Das bedeutet, dass die Energie nicht mit Konvektion oder Wärmeleitung übertragen werden kann. Offensichtlich gibt es noch eine weitere Möglichkeit des Energietransports, die **Wärmestrahlung**. Sie benötigt anders als Konvektion und Wärmeleitung keinen Stoff.

Im direkten Sonnenlicht nehmen alle Körper Energie durch die Wärmestrahlung von der Sonne auf. Deswegen ist der Sand dort so heiß. Ohne die direkte Wärmestrahlung ist es deswegen im Schatten kühler.

DAS STRAHLENDE BÜGELEISEN · Nicht nur die Sonne sendet Wärmestrahlung aus. Das erkennst du zum Beispiel, wenn du deine Hand vorsichtig in einiger Entfernung vor ein Bügeleisen hältst (▸ Bild 2).

Wenn du das Bügeleisen nun anstellst, dann spürst du an der Hand deutlich, wie die Temperatur ansteigt. Wärmeleitung ist hierfür nicht verantwortlich, da Luft ein schlechter Wärmeleiter ist. Durch die selbsttätige Konvektion erwärmt sich die Luft über dem Bü-

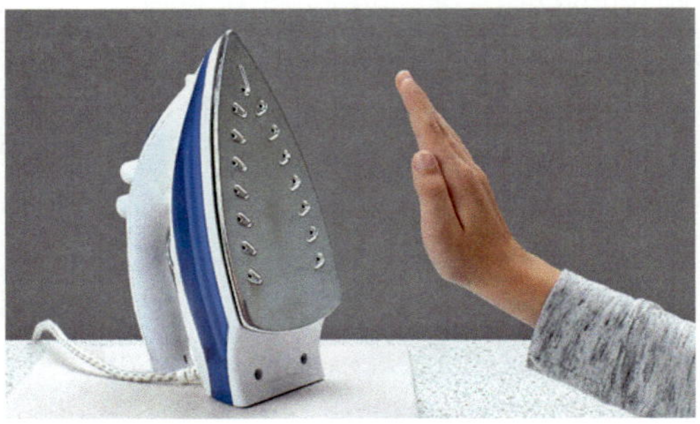

▸2 Die Hand spürt eine Erhöhung der Temperatur.

geleisen, aber nicht vor ihm. Es kann also nur die Wärmestrahlung verantwortlich für den Temperaturanstieg sein.

Ob das Bügeleisen heiß ist oder nicht, kannst du mit deinen Augen nicht sehen. Aber es gibt sogenannte Wärmebildkameras, die empfindlich für Wärmestrahlung sind. ▸ Bild 3 zeigt eine entsprechende Aufnahme des Bügeleisens.

WÄRMESTRAHLUNG ÜBERALL · An dem ▸ Bild 3 kannst du noch etwas erkennen: Die Hand sendet auch Wärmestrahlung aus. Tatsächlich ist es so, dass jeder Körper, der wärmer ist als seine Umgebung, Energie durch Wärmestrahlung abgibt. Menschen geben etwa die Hälfte der Energie durch Wärmestrahlung ab!

Jeder Körper gibt Energie durch Wärmestrahlung ab. Für diese Art der Energieübertragung wird kein Stoff benötigt.

STRAHLUNG UND TEMPERATUR · Je höher die Temperatur des Körpers ist, desto mehr Energie strahlt er aus. Auch das spürst du vor dem Bügeleisen. Wenn du am Bügeleisen eine höhere Temperatur einstellst, dann ist die Wärmestrahlung so stark, dass du deine Hand zurückziehen musst, um dich nicht zu verbrennen.

Ein heißes Bügeleisen hat eine Temperatur von bis zu 220 °C. Was geschieht, wenn die Temperatur eines Körpers noch größer ist?

Das untersuchen wir an einem gewickelten Draht, der durch den elektrischen Strom erwärmt wird (▸ Bild 4 A): Wenn der Draht etwa 100 °C heiß ist, dann kann man die Wärmestrahlung nur mit der Wärmebildkamera nachweisen, so wie beim Bügeleisen.

Wenn ein größerer Strom durch den Draht fließt, dann fängt er an zu glühen (▸ Bild 4 B). Er hat jetzt eine Temperatur von etwa 750 °C. Du kannst die Wärmestrahlung dann mit der Hand fühlen und mit den Augen sehen!

Wenn ein Körper mindestens so heiß ist wie der glühende Draht, dann sendet er auch sichtbares Licht als Wärmestrahlung aus. Da die Sonne eine Temperatur von 5 500 °C hat, ist sie für die Augen sichtbar. Deine Hand und das Bügeleisen senden nur unsichtbare **Infrarotstrahlung** als Wärmestrahlung aus, weil sie eine niedrigere Temperatur haben.

1 **a)** Beschreibe, woran man im ▸ Bild 3 erkennt, welche Temperatur ein Gegenstand hat.
b) Beschreibe, wie sich ▸ Bild 3 ändert, wenn das Bügeleisen ausgeschaltet wird.

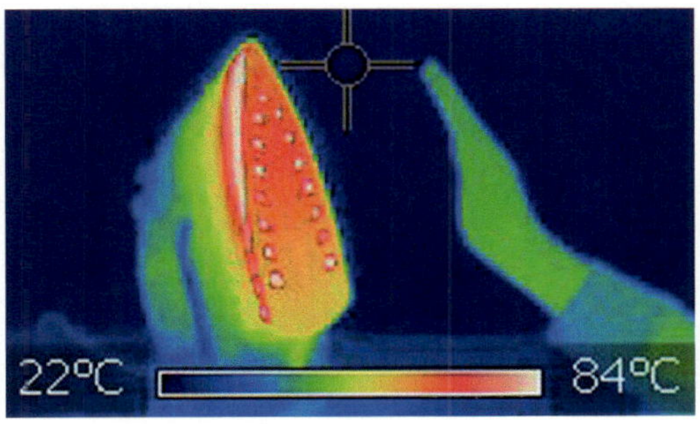

▸3 Aufnahme mit der Wärmebildkamera

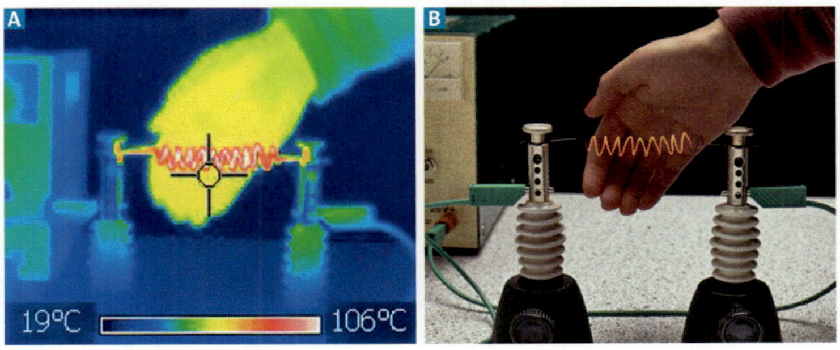

▸4 Drahtwendel, **A** Foto mit Wärmebildkamera, **B** Foto mit Kamera

►1 Hilft weiße Farbe gegen Hitze?

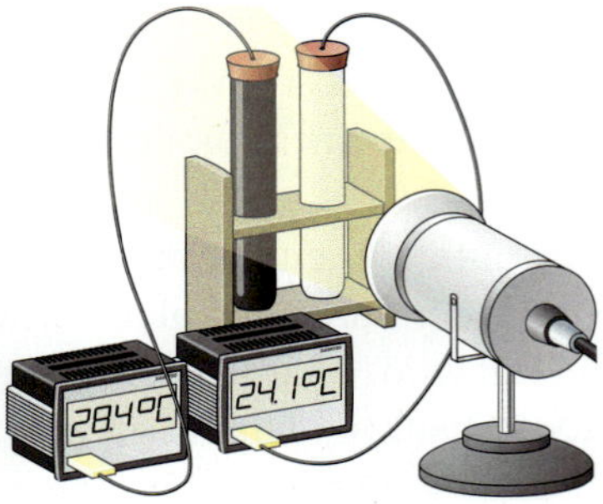

►2 Absorption von Strahlung

ABSORPTION VON STRAHLUNG · In heißeren Ländern sind die Häuser oft hell gestrichen (► Bild 1). Welchen Vorteil bietet das? Dazu führen wir einen Versuch durch (► Bild 2). Wir streichen ein Reagenzglas weiß an und ein weiteres schwarz. Wir füllen beide Gläser mit Wasser und stellen sie vor eine starke Glühlampe. Wir messen die Temperatur des Wassers in den Gläsern. Du siehst: Die Temperatur im schwarzen Reagenzglas steigt schneller als im weißen.

Die schwarze Oberfläche „verschluckt" also die Wärmestrahlung besser als die weiße Oberfläche. Man sagt: Die schwarze Oberfläche **absorbiert** die Strahlung besser. Bei der Absorption wird Energie auf das Reagenzglas übertragen. Das führt zur steigenden Temperatur des Wassers. Bei der weißen Oberfläche wird nicht so viel Wärmestrahlung absorbiert und die Temperatur steigt nicht so schnell. Das beobachtet man bei allen hellen und dunklen Oberflächen. Und genau das nutzt man bei den hell gestrichenen Häusern aus.

Ein Körper mit dunkler Oberfläche absorbiert Wärmestrahlung besser als ein Körper mit heller Oberfläche.

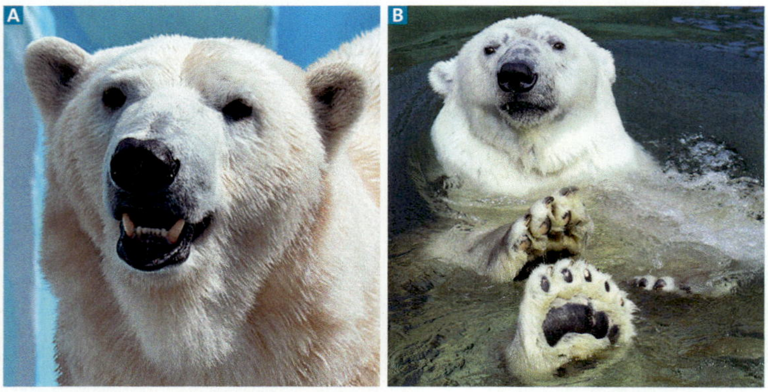

►3 **A** Eisbärengesicht, **B** Eisbärenfüße

ENERGIEHAUSHALT BEI EISBÄREN · Eisbären tragen ein dichtes Fell (► Bild 3 A). Es ist ölig und sehr dicht, sodass es viel Luft einschließt. Dadurch wird die Konvektion verhindert und die Eisbären können die schlechte Wärmeleitung der Luft ausnutzen. Zudem sind die Haare hohl, sodass auch hier Luft eingesperrt ist. Daher geben Eisbären wenig Energie an die Umgebung ab.

Das Eisbärenfell ist weiß. So sind die Bären bei Schnee und Eis gut getarnt. Allerdings scheinen sie so auch nur wenig Energie über Wärmestrahlung aufnehmen zu können.

Die Natur hat für den Eisbären eine trickreiche Lösung entwickelt: Seine Haut ist schwarz. Im ► Bild 3 kannst du das erkennen. Die einzelnen Haare des Fells sind fast durchsichtig. Dadurch gelangt die Strahlung von der Sonne praktisch ungehindert zur schwarzen Hautoberfläche, wo sie absorbiert wird. In Eis und Schnee ist das wichtig, um die Körpertemperatur konstant zu halten.

1 An heißen Sommertagen ist es vorteilhaft, eher helle als dunkle Kleidung zu tragen. Erläutere.

2 In einem Buch steht: „Das Fell eines Eisbären hat Funktionen, deren Ausgestaltung sich scheinbar widersprechen." Erkläre, was damit gemeint ist.

VERSUCHE ▸ Absorption von Wärmestrahlung

V1 Schwarz oder weiß?

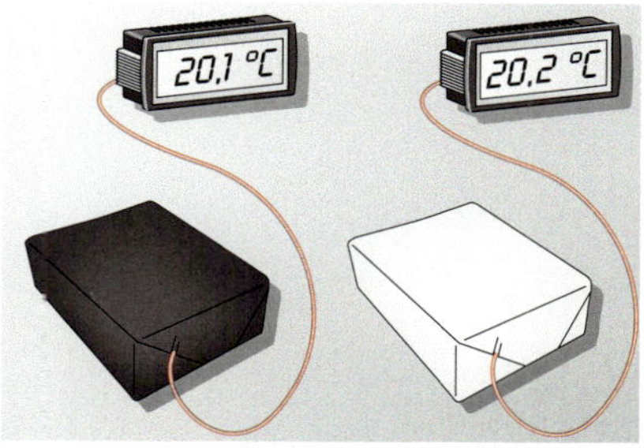

▸4 Spielt die Farbe eine Rolle?

Du untersuchst, wie die Oberfläche eines Körpers die Absorption beeinflusst.

Material:

2 gleiche kleine Schachteln (Streichholzschachteln), weißes und schwarzes Papier, Klebeband, 2 Thermometer, Stoppuhr, eventuell eine starke Glühlampe

Arbeitsauftrag:

a) Beklebe eine Schachtel mit weißem, die andere mit schwarzem Papier. Befestige die Thermometer so, dass sie die Temperatur im Innern der Schachteln messen (▸ Bild 4).

b) Lege beide Schachteln in die Sonne oder unter die Lampe. Miss die Temperatur während 5 Minuten jede 30 Sekunden. Notiere die Messwerte in einer Tabelle.

c) Stelle den Temperaturverlauf der beiden Schachteln in einem gemeinsamen Diagramm dar.

d) Erkläre anhand des Diagramms, welchen Einfluss die Oberfläche eines Körpers auf die Absorption von Wärmestrahlung hat.

V2 Der Trick mit dem Eisbärenfell

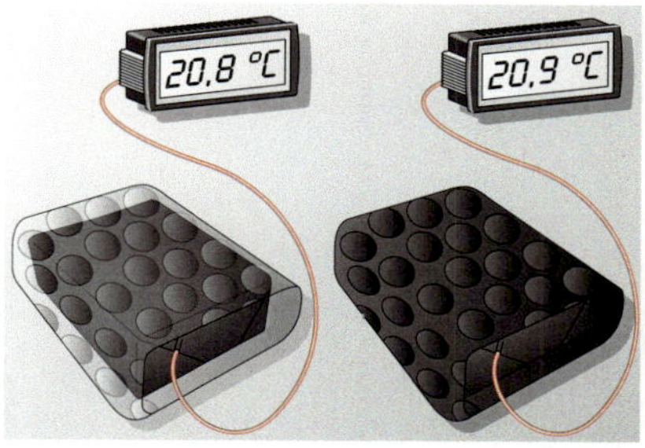

▸5 Sind durchsichtige Haare sinnvoll?

Du lernst, warum das fast durchsichtige Eisbärenfell sinnvoll ist.

Material:

siehe V1, zusätzlich: Luftpolsterverpackungsfolie, schwarzer Permanentmarker

Arbeitsauftrag:

a) Beklebe beide Schachteln mit schwarzem Papier. Umwickle sie mit Luftpolsterverpackungsfolie (▸ Bild 5). Male bei einer Schachtel die Folie schwarz an.

b) Gehe wie in V1 b) und c) vor.

c) Erkläre, warum sich eine Schachtel stärker erwärmt als die andere. Überlege dir dazu, an welcher Stelle genau die Wärmestrahlung absorbiert wird.

d) Erkläre anhand deiner Versuchsergebnisse, warum es sinnvoll ist, dass das Eisbärenfell fast durchsichtig ist.

V3 Wärmestrahlung spüren

Du erlebst die Wärmeleitung am eigenen Körper.

Material:

Alufolie

Arbeitsauftrag:

a) Halte deine Hände dicht nebeneinander, ohne dass sie sich berühren (▸ Bild 6 A). Beschreibe, was du spürst.

b) Halte die Alufolie für etwa 2 Minuten vor dein Ohr (▸ Bild 6 B). Beschreibe, was du spürst.

c) Erkläre deine Beobachtungen.

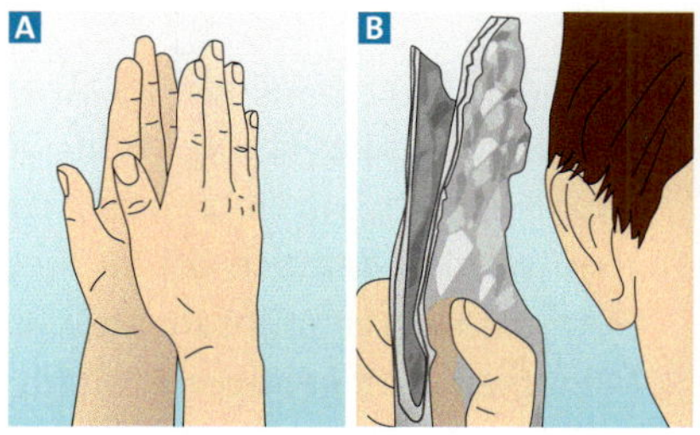

▸6 Wärmestrahlung spüren

Material A ▸ Aufbau und Funktion eines Solarkollektors

A1 Das ▸ Bild rechts zeigt vereinfacht den Aufbau eines Solarkollektors. Erkläre die Aufgabe der Bauteile eines Solarkollektors, die dort bezeichnet sind. Gehe dabei auf die Energieübertragung durch Konvektion, Wärmeleitung und Wärmestrahlung ein.

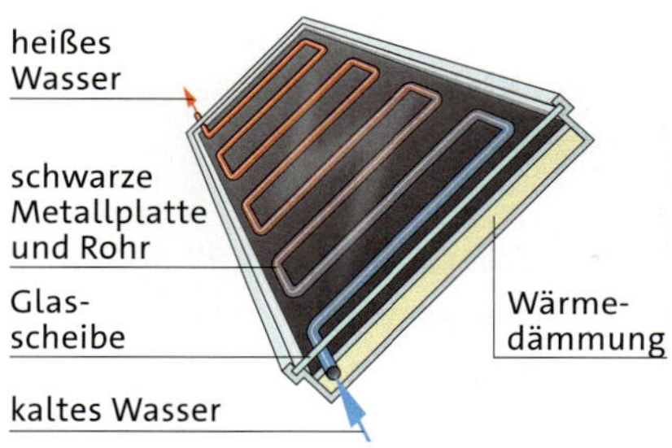

BLICKPUNKT–TECHNIK

Kochen mit einer Kochkiste

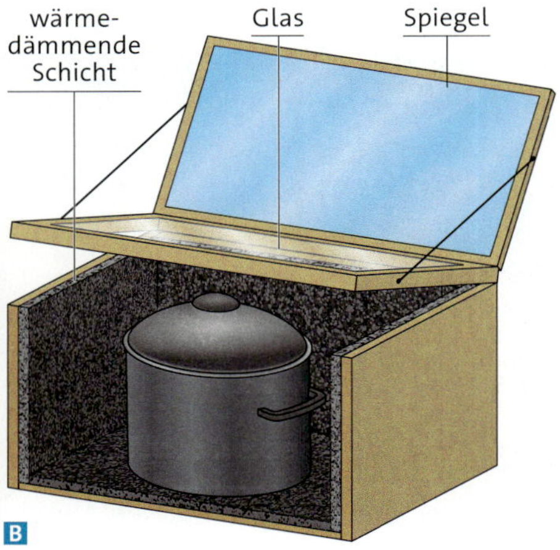

►1 **A** Mit Sonnenlicht kann man kochen. **B** Aufbau der Kochkiste

Kochen mit Feuer · Würstchen oder Stockbrot am Lagerfeuer sind für dich vielleicht eine schöne Abwechslung. Aber ein großer Teil der Weltbevölkerung muss sein Essen jeden Tag auf offenem Holzfeuer zubereiten. Das ist vor allem in den Entwicklungsländern der Fall.

Das hat schwerwiegende negative Folgen. In vielen dieser Länder gibt es wenig Wald. Oft werden die letzten Bäume gefällt, um Holz zum Kochen zu haben. Die Flächen werden dadurch oft zu Steppe oder Wüste. Das Holzsammeln ist mühsam und dauert lange, sodass die Menschen nicht genügend Zeit für die Feldarbeit haben. Weil in jedem Haus eine Feuerstelle ist, atmen die Menschen ständig den schädlichen Rauch ein.

Die Kochkiste · In einer Kochkiste kann man direkt mit der Energie von der Sonne kochen und benötigt kein Holzfeuer. Im ► Bild 1 A siehst du, wie eine Frau mithilfe einer Kochkiste das Essen kocht. Eine Kochkiste ist sehr einfach gebaut. ► Bild 1 B zeigt den Aufbau:

Die Wände und der Boden sind auf der Innenseite schwarz gestrichen. Sie besitzen zudem eine wärmedämmende Schicht nach außen. Die Kiste wird oben mit Glas oder einer durchsichtigen Folie verschlossen. Der Deckel besteht aus einem großen Spiegel. Zum Kochen richtet man die Kiste zur Sonne hin aus und stellt einen dunklen Kochtopf in die Kiste.

1 Erkläre die Aufgabe der Bauteile einer Kochkiste, die im ► Bild 1 B bezeichnet sind.

2 **a)** Beschreibe, wie sich das Leben der Menschen ändert, wenn sie zum Kochen eine Kochkiste statt eines Holzfeuers verwenden.
b) Damit möglichst viele Menschen eine Kochkiste verwenden, muss sie sehr einfach gebaut sein. Begründe.
c) Wenn möglichst viele Menschen eine Kochkiste verwenden, dann hat das nicht nur vor Ort, sondern überall auf der Erde positive Folgen. Erläutere.

3 **a)** Beschreibe die Funktion folgender Bauteile des Solarkochers im ► Bild 2:
– Trichter mit Alufolie,
– schwarz bemaltes Glas,
– geschlossener Müllbeutel.
b) Vergleiche den Aufbau von Kochkiste und Solarkocher. Stelle Gemeinsamkeiten und Unterschiede gegenüber.

Bau eines Solarkochers

Material:

Großer Pappkarton (ca. 40 cm x 80 cm), Aluminiumfolie, breites Klebeband, großes Glas mit Deckel (z. B. Gurkenglas), passendes Holzstück, wasserfeste schwarze Farbe, durchsichtiger Müllbeutel mit Verschluss, Teppichmesser, Schere, Kleber, Pinsel, Stift, Sonnenbrille, Topfhandschuhe

Arbeitsauftrag:

Arbeite nur unter Aufsicht eines Erwachsenen!

a) Schneide mit dem Teppichmesser **(Vorsicht!)** in der Mitte der längeren Seite einen Halbkreis mit einem Durchmesser von 25 cm bis 30 cm aus.

b) Forme aus dem Karton einen Trichter (► Bild 2 A). Die beiden Seiten Z und U sollen zusammenkommen, sodass aus dem Halbkreis ein kreisförmiges Loch entsteht. Noch nicht zusammenkleben!

c) Klebe Aluminiumfolie so auf den Karton und den abgeschnittenen Halbkreis, dass die glatte Seite der Folie oben ist. Schneide überstehende Folie ab.

d) Klebe den Trichter mit Klebeband zusammen (► Bild 2 B). Verschließe ihn unten mit dem Halbkreis.

e) Male Glas und Deckel schwarz an, eventuell mehrfach. Lass die Farbe trocknen.

f) Fülle das Glas mit Wasser. Verschließe das Glas und stelle es auf dem Holzstück in den Müllbeutel (► Bild 2 C). Puste Luft in den Beutel, sodass er sich etwas aufbläht und verschließe ihn dicht (► Bild 2 D).

g) Arbeite ab hier mit Sonnenbrille!

Stelle den Solarkocher so auf, dass die Sonne genau in den Trichter scheint (► Bild 2 E). Du kannst ihn dafür zum Beispiel in einen anderen Karton oder in einen Wäschekorb stellen. Wenn du deine Hand kurz in den Trichter hältst, kannst du die Wärmestrahlung spüren.

h) Stelle das Glas vorsichtig in den Trichter. Nach ein bis zwei Stunden kocht das Wasser.

Vorsicht! Das Glas nur mit Topfhandschuhen aus dem Trichter holen! Vorsicht! Heißes Wasser!

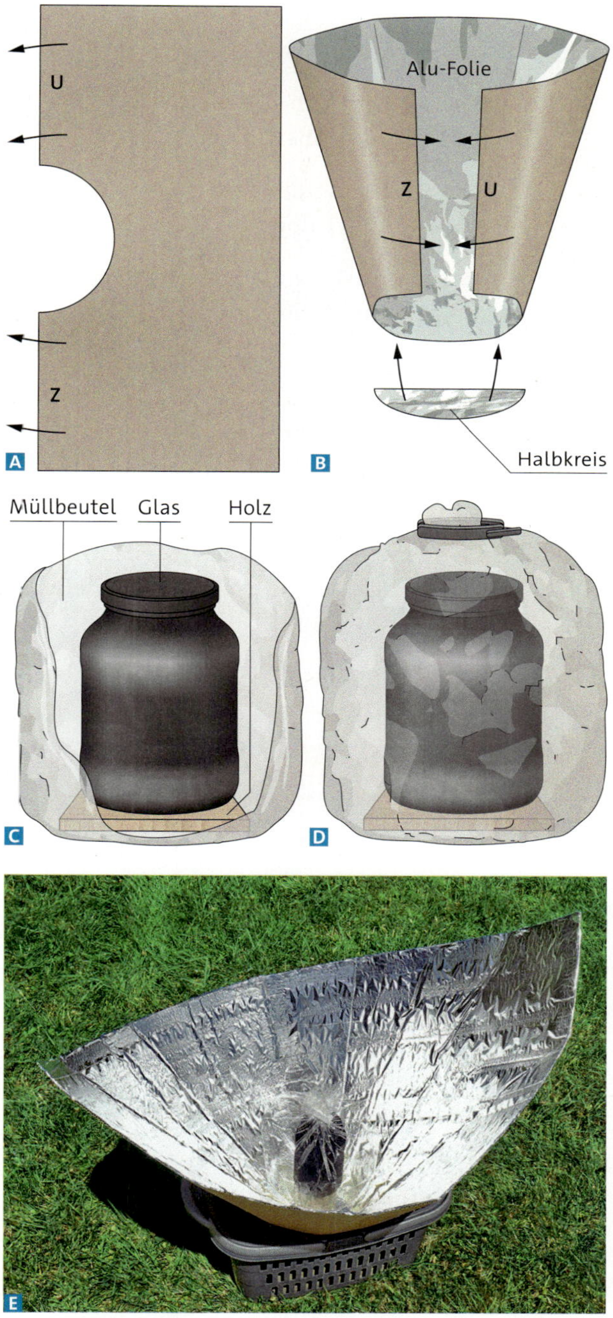

► 2 Bau eines Solarkochers

Woher kommt die Energie?

Lebewesen brauchen Energie zum Leben. Zum Betrieb von Maschinen und Geräten benötigt man Energie.

Energie lässt sich **speichern.**
Energie kann **übertragen** werden.

Die Einheit für die Energie ist ein **Joule** (1 J) bzw. ein **Kilojoule** (1 kJ).

Die Sonne ist der wichtigste Energielieferant für die Erde. Die Energie wird dabei durch das Licht übertragen.

Die Energie der Sonne, des Windes und des Wassers ist **erneuerbar.**
Die Energie von Kohle, Erdöl und Erdgas ist **nicht erneuerbar.**

Um den Weg der Energie übersichtlich darzustellen, eignet sich ein **Energieflussdiagramm** (▸ Bild 1).

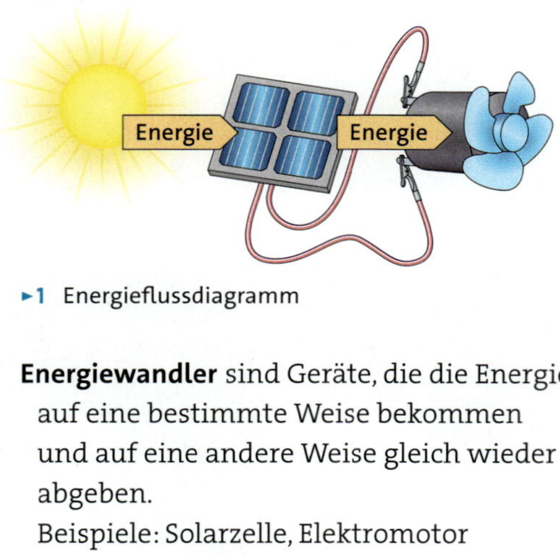

▸1 Energieflussdiagramm

Energiewandler sind Geräte, die die Energie auf eine bestimmte Weise bekommen und auf eine andere Weise gleich wieder abgeben.
Beispiele: Solarzelle, Elektromotor

Energie und Ernährung

Eine Pflanze braucht zum Leben Licht, Wasser, Luft und Mineralsalze.
Pflanzen erhalten die benötigte Energie mit dem Sonnenlicht.

Eine Pflanze stellt mit der Energie des Sonnenlichts energiereiche Stoffe wie Stärke, Fett, Eiweiß und Zellulose her.

Der tatsächliche Energiebedarf deines Körpers setzt sich zusammen aus dem

Grundbedarf: Das ist der Energiebedarf, um die Grundfunktionen des Körpers aufrecht zu erhalten. Er ist selbst im Schlaf vorhanden.
Und dem
Leistungsbedarf: Das ist der zusätzliche Energiebedarf für geistige und körperliche Betätigungen.

Verbrennung liefert Energie

Zündtemperatur: Das ist die Temperatur, bei der sich brennbare Stoffe entzünden. Jeder Stoff hat seine eigene Zündtemperatur.
Gasförmige Brennstoffe entzünden sich bei niedrigeren Temperaturen als feste. Flammen werden immer durch brennende Gase gebildet.

Um ein Feuer zu entzünden, braucht man einen brennbaren Stoff, Luft und die Zündtemperatur des Stoffes.

Beim Verbrennen von Holz wird die in der Zellulose gespeicherte Energie wieder abgegeben.

Das **Branddreieck** zeigt die drei Verbrennungsbedingungen (▸ Bild 2).

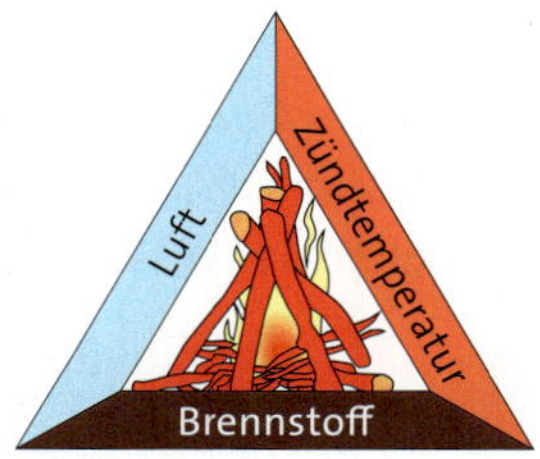

▸2 Branddreieck

Brände kann man löschen, indem man eine der drei Verbrennungsbedingungen beseitigt:

- Abkühlen des Brennstoffs unter seine Zündtemperatur,
- Entziehen des Brennstoffs oder
- Unterbinden der Luftzufuhr.

Energie wird übertragen

Um die Temperatur eines Körpers zu erhöhen, muss man ihm Energie zuführen. Damit seine Temperatur konstant bleibt, muss man genau so viel Energie zuführen wie der Körper abgibt.

Konvektion: Man spricht von Konvektion, wenn die Energie durch Strömen einer Flüssigkeit oder eines Gases transportiert wird.

Wärmeleitung: Bei der Wärmeleitung wird Energie innerhalb eines Stoffes transportiert. Der Stoff selbst bewegt sich dabei nicht.

Wärmestrahlung: Jeder Körper gibt Energie durch Wärmestrahlung ab. Für diese Art der Energieübertragung wird kein Stoff benötigt.

Je höher die Temperatur des Körpers ist, desto mehr Energie strahlt er ab.

Absorption von Strahlung: Ein Körper mit dunkler Oberfläche absorbiert Wärmestrahlung besser als ein Körper mit heller Oberfläche.

Wärmedämmung: Häuser werden mit Dämmstoffplatten eingepackt. Diese Wärmedämmung sorgt dafür, dass die Energieabgabe an die Umgebung geringer ist. Deswegen benötigt man dann beim Heizen weniger Energie.

Überprüfe dich selbst:

Kann ich ...

... die Bedeutung der Energie für unser Leben beschreiben? (S. 86)

... Eigenschaften der Energie benennen? (S. 87)

... Energieflussdiagramme zeichnen? (S. 88)

... den Weg der Energie von der Sonne über die Pflanze bis zur Nahrung beschreiben? (S. 92 f.)

... den Weg der Energie bei ihrer technischen Nutzung beschreiben? (S. 96 f.)

... den Unterschied zwischen erneuerbarer und nicht erneuerbarer Energie anhand von Beispielen erläutern? (S. 97)

... die Voraussetzungen für eine Verbrennung nennen und erklären, was bei der Verbrennung mit der Energie passiert? (S. 100)

... sachgerecht und sicher mit einem Gasbrenner umgehen? (S. 102)

... das Branddreieck erläutern? (S. 104 f.)

... erklären, wie man ein Feuer löscht? (S. 104)

... Konvektion, Wärmeleitung und Wärmestrahlung erklären und Versuche zu ihrem Nachweis beschreiben? (S. 116, 121)

... anhand von Versuchen beschreiben, wie man die Energieabgabe eines Körpers verringert? (S. 115)

... Verhaltensregeln für den sorgsamen Umgang mit Energie in der Schule und zu Hause beschreiben und begründen? (S. 99, 110 f.)

... an Beispielen erläutern, wie die Absorption von Wärmestrahlung genutzt wird? (S. 121 f.)